パワーエレクトロニクスノート
－ 工作と理論 －

工学博士 古橋 武 著

コロナ社

まえがき

　チョッパやインバータなどパワーエレクトロニクスの基本回路をブレッドボードで作ってみようと思い立った。ブレッドボードならはんだ付け作業が必要ないので，さまざまな回路を簡単に試してみることができる。そして，講義で実演することを考えた。実験波形をプロジェクタで投影して，種々の動きを示すことができれば，学生にとって興味深い講義ができる，と。幸い名古屋には大須のアメ横に電子部品の店があり，必要なもののほとんどを容易に入手することができた。

　その後，講義で実演してみた。しかし，学生の反応はもうひとつであった。実演している講師（つまり筆者）はとても楽しいのだが，どうも独りよがりの感がぬぐえない。そこで，次の年には学生に製作演習を課すことにした。講義の前半は板書・スライド・実演による座学を中心とし，後半は製作の時間とした。ようやく学生におもしろさを実感させることができた。当たり前のことだが，自分で作ってみなければ回路が動くことの感動は味わえない。

　しかし，回路の製作は簡単ではない。座学により原理を理解していても，作った回路が思いどおりに動くとは限らない。ときには単純な配線ミスが原因で何時間も費やしてしまう。自分の力のなさに情けなくなったりもする。その分，できあがったときの感動は深く，その後の勉学にも大きな意欲がわく。

　本書ではパワーエレクトロニクスの基本回路の原理を述べ，ブレッドボードによる製作実例を紹介する。単なる工作集としないため，電気回路，アナログ電子回路，微分方程式，ラプラス変換の基礎を前提知識として，理論展開をしている。また，本書では整流回路→3端子レギュレータ→チョッパ回路→単相インバータ→三相インバータと順次，機能を拡充しながら説明を展開している。読者はなぜこの回路が必要なのかを理解しながら読み進めることがで

きる。

　本書の特長をまとめると以下の2つである。
1. ブレッドボードを用いた製作実例を示している。

　　製作例は，例えば東京の秋葉原，名古屋の大須，ネット通販などで入手できる安価な部品に限定した。講師が実例によるデモンストレーションをしながら講義する教材として，また，学生による演習の教材として利用できる。デモンストレーションは，例えばオシロスコープの画面をプロジェクタで投影することで実施できる。

2. ニーズに応じてパワーエレクトロニクス機器の機能を順次拡充しながら説明を展開している。

直流電圧を得たい	→	整流回路
整流回路の出力電圧変動を抑制したい	→	平滑回路
出力電圧変動をもっと抑制したい	→	3端子レギュレータ
電圧変動抑制回路の効率を改善したい	→	チョッパ回路
チョッパ回路の出力電圧範囲を拡げたい	→	昇圧，昇降圧チョッパ回路
チョッパ回路の応用	→	DCモータ制御
モータにブレーキをかけたい	→	ブレーキ機能付チョッパ回路
モータを逆回転させたい	→	ハーフブリッジインバータ
インバータの直流電源を1つにしたい	→	フルブリッジインバータ
交流電圧を出力したい	→	交流インバータ
三相交流電圧を出力したい	→	三相インバータ

2008年1月

　　　　　　　　　　　　　　　　　　　　　　　　　　　著　　者

目　　　次

1. 整流回路

1.1　整流回路の部品 ……………………………………………………1
1.2　半波整流回路 …………………………………………………………6
1.3　全波整流回路 …………………………………………………………9

2. 平滑回路

2.1　平滑回路を持つ全波整流回路 ……………………………………14
2.2　全波整流回路における過渡現象 …………………………………17

3. 3端子レギュレータ

3.1　ツェナーダイオードの特性と基準電圧源 ………………………21
3.2　バイポーラトランジスタの特性 …………………………………25
3.3　3端子レギュレータ …………………………………………………28
3.4　出力電圧可変型3端子レギュレータ ……………………………31

4. 降圧チョッパ回路

4.1　降圧チョッパ回路の基本構成 ……………………………………36
4.2　スイッチとしてのトランジスタ …………………………………42
4.3　降圧チョッパ回路の動作原理 ……………………………………46
4.4　降圧チョッパ回路の理論 …………………………………………51
4.5　PWM制御法 …………………………………………………………54
4.6　PWM制御法による出力電圧制御 ………………………………59

5. 昇圧チョッパ回路/昇降圧チョッパ回路

5.1 昇圧チョッパ回路の動作原理 …………………………………… 64
5.2 昇圧チョッパ回路の理論 ………………………………………… 68
5.3 昇降圧チョッパ回路の動作原理と理論 ………………………… 71

6. オペアンプ回路

6.1 PWM 制御回路 …………………………………………………… 77
6.2 反転増幅回路 ……………………………………………………… 82
6.3 積 分 回 路 ……………………………………………………… 87
6.4 ヒステリシスコンパレータ ……………………………………… 89
6.5 三角波生成回路 …………………………………………………… 93

7. DC モータ駆動

7.1 降圧チョッパ回路による DC モータの回転数制御 …………… 96
7.2 フィルタ回路 ……………………………………………………… 100
7.3 P 制 御 ……………………………………………………… 104
7.4 DC モータの伝達関数と P 制御の定常偏差 …………………… 107
7.5 PI 制 御 ……………………………………………………… 113

8. DC モータの駆動/ブレーキ

8.1 電気的ブレーキ …………………………………………………… 116
8.2 ブレーキのかけられる回路 ……………………………………… 119
8.3 電源短絡対策 ……………………………………………………… 121
8.4 DC モータの駆動/ブレーキ ……………………………………… 123

9. ハーフブリッジインバータ

9.1 DCモータの正/逆転の駆動/ブレーキ …………………………128
9.2 ハーフブリッジインバータの動作モード ………………………131

10. フルブリッジインバータ

10.1 正転用チョッパ回路と逆転用チョッパ回路の合体……………136
10.2 PWM制御法 I ……………………………………………………137
10.3 PWM制御法 I による動作モード ………………………………141
10.4 交流電圧の出力 …………………………………………………144
10.5 インバータのシミュレーション ………………………………147
10.6 PWM制御法 II ……………………………………………………149
10.7 PWM制御法 II による動作モード ………………………………155
10.8 交流電圧の出力 …………………………………………………158

11. 三相PWMインバータ

11.1 三相交流電圧の出力 ……………………………………………164
11.2 120°通電型の出力電圧制御法 …………………………………165
11.3 PWM 制 御 法 ……………………………………………………169
11.4 三相インバータの実験 …………………………………………170
11.5 三相インバータのシミュレーション …………………………177

参 考 文 献　　　　　　　　　　　　　　　　　　　　　　180
索　　　引　　　　　　　　　　　　　　　　　　　　　　181

1 整流回路

1.1 整流回路の部品

本書で紹介するパワーエレクトロニクスの各種回路はすべて**ブレッドボード**上に製作する。ここで，ブレッドボードの例を**図1.1**に示す。

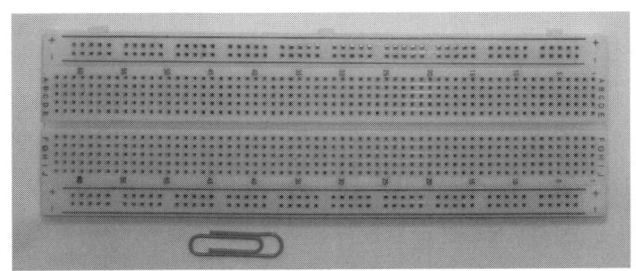

図1.1 ブレッドボードの例

このボードの穴に部品端子を差し込み，ジャンパ線を用いて配線を行う。ブレッドボードの穴の接続の様子を**図1.2**に示す。□印が穴であり，黒い線で結ばれた穴はブレッドボードの内部で接続されている。図中の最上段の横2列と最下段の横2列の穴はそれぞれ横どうしでつながっている。これら横4列の穴は電源用である。内側の縦63列の穴は縦方向に5個ずつ接続されている。

図1.3は**ジャンパ線**の例を示す。図(a)は市販のジャンパ線である。長さ，色の異なるジャンパ線がセットで販売されている。図(b)は市販の耐熱電子ワイヤ（線の直径0.5 mm，単線）を利用して自作したジャンパ線である。自作

2　　1. 整流回路

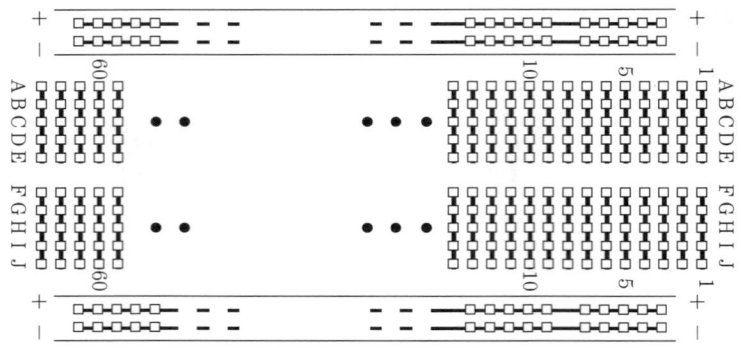

図 1.2　ブレッドボードの穴の接続の様子

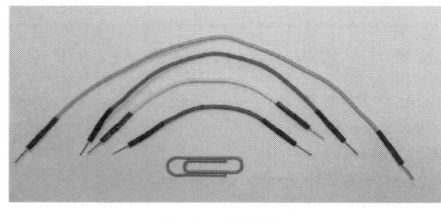
（a）市販品

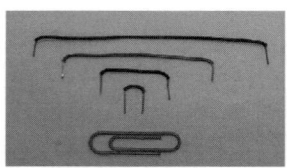
（線の直径 0.5mm，単線）
（b）耐熱電子ワイヤ

図 1.3　ジャンパ線

は手間がかかるが，必要に応じて適切な長さのものを作ることができる。以降，本書では製作した回路を読者に見やすくするために，図(b)の自作のジャンパ線を用いることとする。

本書の最初の課題は

> **交流電圧から直流電圧を得る**

ことである。まず，AC 100 [V] の電源をブレッドボードに接続することから始める。それには**スイッチボックス**を必要とする。**図 1.4** は製作したスイッチボックスを示す。図(a)は前面，図(b)は背面，図(c)はボックス内部の写真である。AC 100 [V] の電源コードをボックスに引き込み，**スイッチ**と**ヒューズ**を通してブレッドボードへと出している。

1.1 整流回路の部品　　3

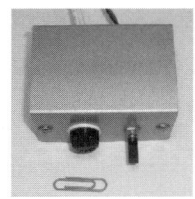
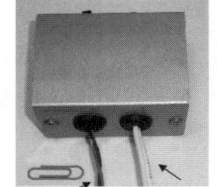
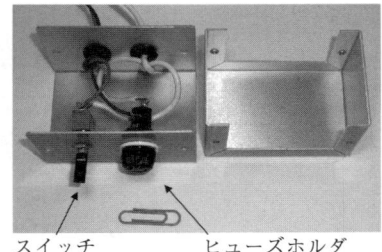

（a）前　面　　　　（b）背　面　　　　　　（c）内　部

図1.4　スイッチボックス

　図1.5はスイッチボックスの回路図である。スイッチボックスはスイッチとヒューズからなる。図1.6はスイッチの外観を示す。定格電圧125〔V〕，定格電流6〔A〕のものである。図1.7にはヒューズホルダとヒューズを示す。AC 100〔V〕用であり，定格電流は1〔A〕のものを用いている。ヒューズは，

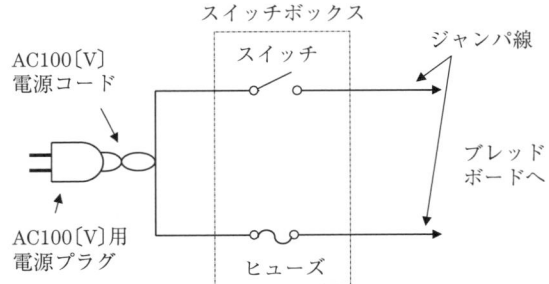

図1.5　スイッチボックスの回路図

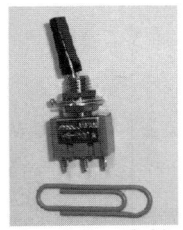
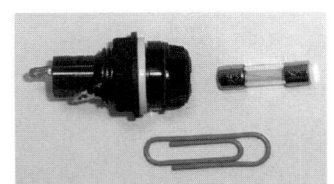

　　（125〔V〕，6〔A〕）　　　　　（125〔V〕，1〔A〕）

　　図1.6　スイッチ　　　図1.7　ヒューズホルダとヒューズ

4　　1.　整　流　回　路

ブレッドボード上の回路において短絡事故などが起きた場合に，管の中の線が瞬時に切れることで被害の拡大を防ぐためのものである。AC 100〔V〕の電源コードの先には電源プラグが接続されている。ブレッドボードへと向かう電線の先には，ブレッドボードの穴に電線を容易に差し込めるようにジャンパ線をつないでおく。

　図1.8は商用周波数（50/60 Hz）用の小型の**変圧器**の例である。一次側がAC 100〔V〕，二次側がAC 18〔V〕であり，中点の端子を利用すればAC 9〔V〕の電圧を取り出すことができる。二次側の定格電流が330〔mA〕であるので，この変圧器の定格出力は18〔V〕× 330〔mA〕≒ 6〔VA〕である。図1.9はこの変圧器の各端子をブレッドボードに差し込んで，一次側をスイッチボックスにつないだ例である。この変圧器の一次側，二次側の電圧波形をオシロスコープにより観測した。

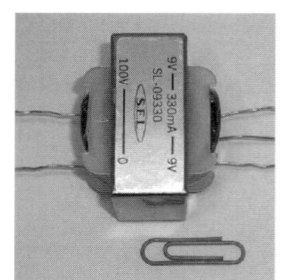
一次側：100V　二次側：9V－0－9V
図1.8　変圧器（トランス）の例

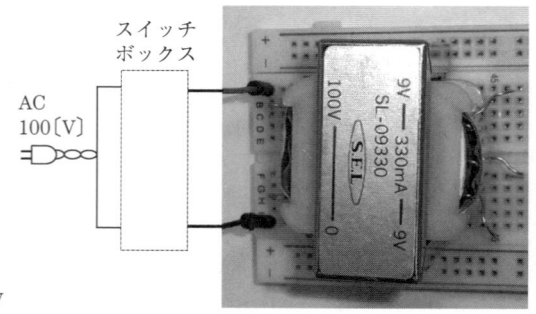
図1.9　ブレッドボード上の変圧器

　図1.10は変圧器の記号とその入出力波形の例を示す。AC 100〔V〕，60〔Hz〕の正弦波交流電圧を一次側に印加して，オシロスコープ画面の波形をパソコンに取り込んで表示してある。各波形の横軸は時間であり，周波数60〔Hz〕の場合，1周期 $T = 1/60$〔Hz〕≒ 16.7〔ms〕である。縦軸は電圧であり，AC 100〔V〕の場合，振幅 $V_{1m} = 100\sqrt{2} ≒ 141$〔V〕である。二次側のAC 9〔V〕および18〔V〕の場合，それぞれの振幅 $V_{2m} = 9\sqrt{2} ≒ 12.7$〔V〕，$V_{3m} = 18\sqrt{2} ≒ 22.5$〔V〕である。図の例のように実際の波形は，多くの場合，理想的な正弦

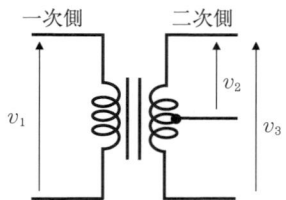

(a) 変圧器（トランス）の記号

(b) 一次側電圧波形　　　　　(c) 二次側電圧波形

図 1.10　変圧器の入出力波形

波形に対して少しひずんでいる。変圧器は英語で transformer であり，トランスと呼ばれることも多い。

　さて，課題の交流電圧から直流電圧を得る方法について述べる。最も簡単な方法は**ダイオード**の非線形特性を利用する。**図 1.11** はダイオードの例を示す。図は定格が 100 [V]，1 [A] のダイオードである。**図 1.12** はダイオードの記号である。左側をアノード電極，右側をカソード電極と呼ぶ。図 1.11 のダイオードでは白線によりダイオードの向きが示されている。写真の左側がアノード電極，右側がカソード電極である。

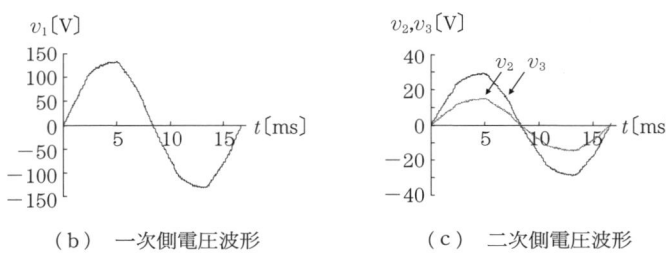

図 1.11　ダイオードの例 (100 [V], 1 [A])　　　図 1.12　ダイオードの記号

6　1. 整流回路

このダイオードの特性例を**図1.13**に示す。ダイオードDの両端電圧 V とダイオードに流れ込む電流 I の向きを図(a)のように定めると，V と I の関係は図(b)のようになる。電流がアノードからカソード側に流れる方向を順方向，反対を逆方向という。順方向に電流が流れるときダイオードの両端電圧 V は約 $0.7 \sim 0.8$ [V] である。この順方向電圧をダイオードの**オン電圧**という。逆方向には電流はほとんど流れない。なお，図の測定波形がわずかに揺らいでいるのはノイズの影響である。

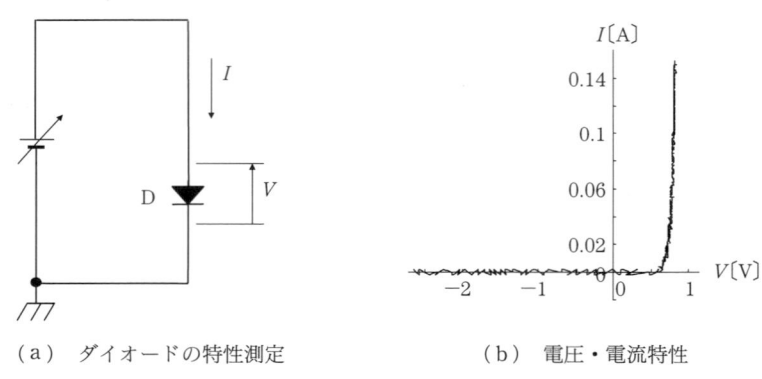

(a)　ダイオードの特性測定　　　　(b)　電圧・電流特性

図1.13　ダイオードの特性例

1.2　半波整流回路

図1.14は，図1.11のダイオードを用いた半波整流回路の製作例を示す。**図1.15**はこの回路の配線の様子をわかりやすくするための立体配線図である。

図中の**可変抵抗器**の拡大写真を**図1.16**に示す。図は可変抵抗器を3方向から撮ったものである。可変抵抗器の上面には202の数字が見える。これは抵抗値を示し，$202 = 20 \times 10^2$ [Ω] $= 2$ [kΩ] を意味する。ちなみに，この値が153のときは $153 = 15 \times 10^3 = 15$ [kΩ] である。**図1.17**は可変抵抗器の内部構造を示す。3個の端子を左からそれぞれa，b，cとすると，bの電極は上面のねじを回転させることでa-c間の抵抗線上をスライドする。

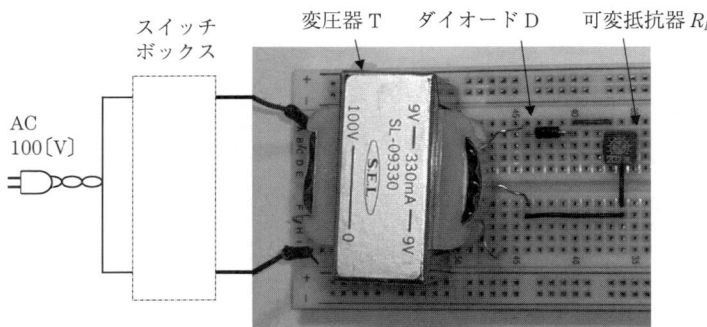

図1.14 半波整流回路の製作例

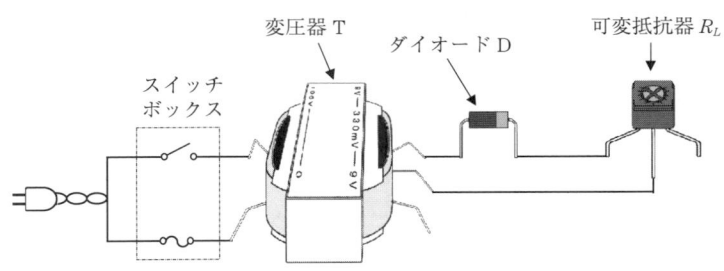

図1.15 半波整流回路の立体配線図

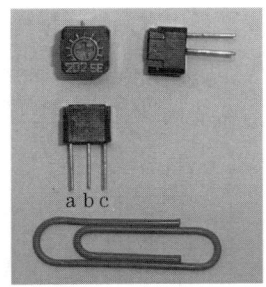

図1.16 可変抵抗器の例（2 kΩ）

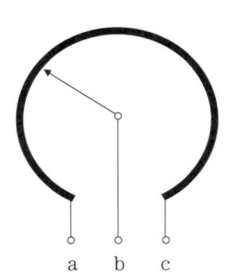

図1.17 可変抵抗器の内部構造

　図1.14の半波整流回路の回路図を**図1.18**に示す。v_e は AC 100 [V] の電源電圧である。トランスの二次側に現れる電圧 v_1 の極性によって**図1.19**に示すように2つの動作モードが生じる。v_1 が正のときダイオードDの両端には図(a)に示すように順方向に電圧がかかり，ダイオードは導通する。ダイオード

8　1. 整流回路

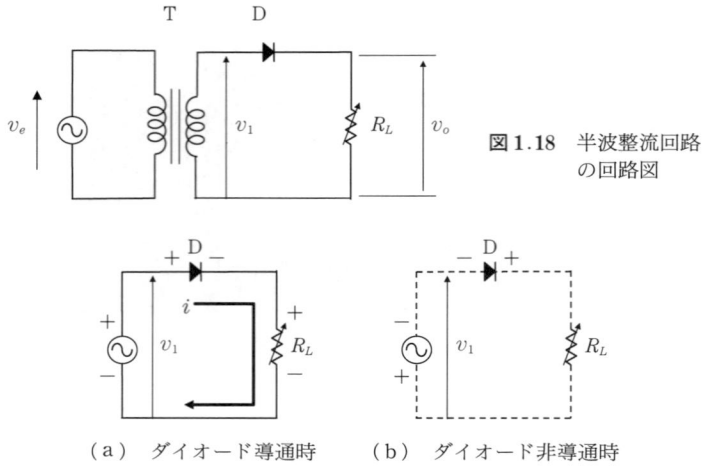

図1.18　半波整流回路の回路図

（a）ダイオード導通時　　（b）ダイオード非導通時

図1.19　半波整流回路の動作モード

のオン電圧はわずかであるので，電源電圧の大半は抵抗 R_L に印加される。v_1 が負のときダイオードDには図(b)に示すように逆方向の電圧がかかり，ダイオードは非導通となる。回路に流れる電流は零となり，抵抗 R_L の両端には電圧は現れない。電源電圧はダイオードの両端に印加される。

図1.14の実際の回路において，変圧器Tの一次側に商用周波数の電圧 v_e を印加したところ，二次側には**図1.20**(a)に示すような約13〔V〕の振幅を持つ正弦波電圧 v_1 が現れた。このとき抵抗 R_L の両端電圧 v_o は図(b)に示す波

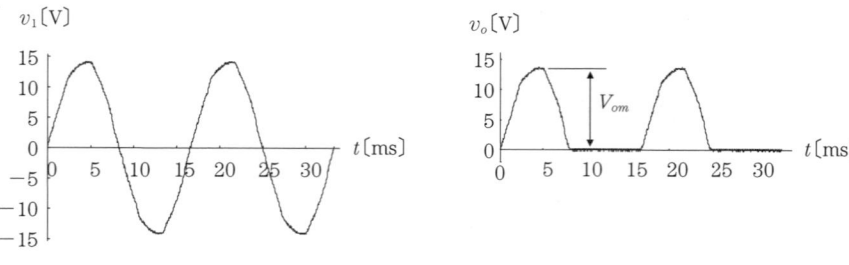

（a）変圧器の二次側の電圧 v_1 の波形　　（b）ダイオードにより整流された電圧波形

図1.20　半波整流回路の電圧波形

形となった。ここで，v_o が正の期間の値は，v_1 の値よりわずかに低く，その差はダイオードのオン電圧である。

得られた出力電圧 v_o の平均値は正の値となる。半波整流回路の出力電圧のピーク値を V_{om} とすると，出力電圧 v_o の平均値 $\overline{v_o}$ は

$$\overline{v_o} = \frac{1}{2\pi}\int_0^{2\pi} v_o d\theta = \frac{1}{2\pi}\int_0^{\pi} V_{om}\sin\theta\, d\theta = \frac{V_{om}}{2\pi}\int_0^{\pi}\sin\theta\, d\theta$$
$$= \frac{V_{om}}{\pi} \tag{1.1}$$

となる。ただし，ダイオードによる電圧降下の影響は無視している。

図 1.14 の整流回路により直流電圧を得ることができた。しかし，この回路は

> 電源電圧の半周期分しか利用していない。

ダイオードを 2 個用いることで残りの半周期を利用できる回路を構成できる。

1.3 全波整流回路

図 1.21 は電源の正負両周期を利用する全波整流回路の例を示す。図 1.22 はこの回路の立体配線図を示す。

全波整流回路の回路図を図 1.23 に示す。変圧器の二次側に現れる電圧 v_1，

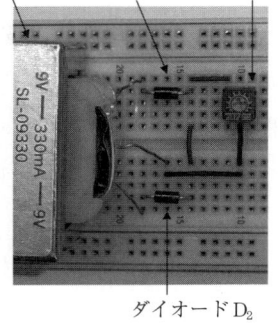

図 1.21 全波整流回路の例

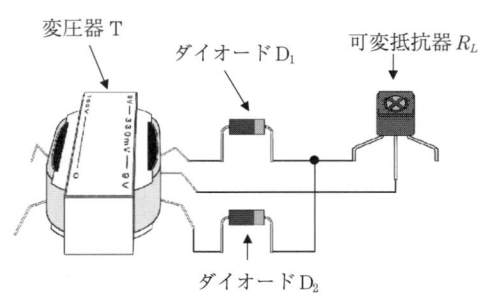

図 1.22 全波整流回路の立体配線図

10   1. 整流回路

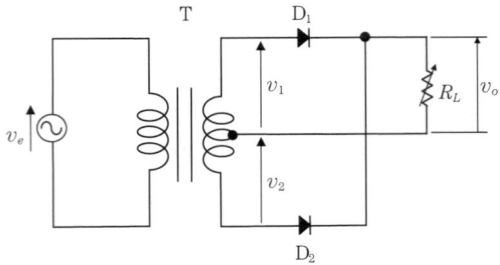

図1.23　全波整流回路の回路図

v_2 は振幅，位相ともに同じ交流電圧である．これらの電圧の極性によって**図1.24**に示す2つの動作モードが生じる．v_1，v_2 が正のときは図(a)に示す動作モードとなる．ダイオード D_1 が導通し，D_2 が非導通である．v_1，v_2 が負のときは図(b)に示す動作モードとなる．ダイオード D_1 が非導通，D_2 が導通である．

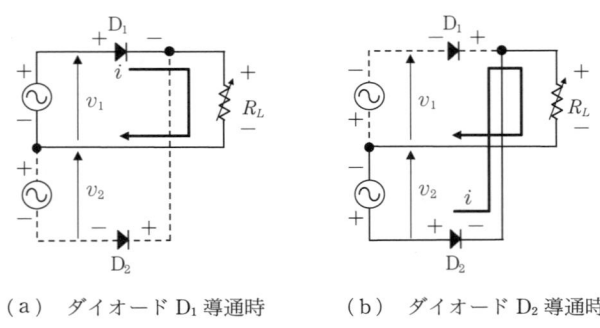

(a)　ダイオード D_1 導通時　　(b)　ダイオード D_2 導通時

図1.24　全波整流回路の動作モード

図1.25は図1.21の回路において，変圧器 T の一次側に商用周波数の電圧 v_e を印加したときの変圧器二次側の電圧 v_1，抵抗 R_L の両端電圧 v_o を示す．出力電圧のピーク値を V_{om} とすると，出力電圧の平均値 $\overline{v_o}$ は

$$\overline{v_o} = \frac{1}{2\pi}\int_0^{2\pi} v_o d\theta = \frac{1}{2\pi}\left(\int_0^{\pi} V_{om}\sin\theta\, d\theta + \int_{\pi}^{2\pi}(-V_{om}\sin\theta)d\theta\right)$$

$$= \frac{2V_{om}}{\pi} \tag{1.2}$$

となり，半波整流回路の出力電圧の2倍となる．

1.3 全波整流回路

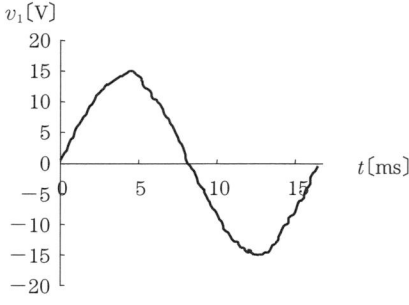

(a) 変圧器の二次側の電圧 v_1 の波形

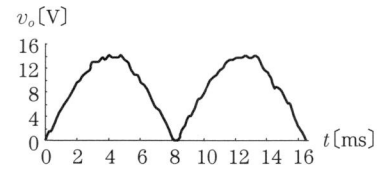

(b) ダイオードにより整流された電圧 v_o の波形

図 1.25 全波整流回路の電圧波形

課題 1.1

(1) 図 1.26(a) はブリッジ整流回路の回路図を示す。この回路においては v_1 の正負に応じて 2 つの動作モードが生じる。それぞれの電流経路を図示せよ。また，v_e を正弦波の交流電圧としたとき，出力電圧 v_o の波形と平均値を求めよ。

(2) 図(b)は整流回路の一例である。この回路において $v_1 = V_m \sin \omega t$，$v_2 = -V_m \cos \omega t$ としたとき，この回路においては v_1, v_2 の正負，大小関係により 3 つの動作モードが生じる。それぞれの電流経路を図示せよ。また，出力電圧 v_o の波形と平均値を求めよ。

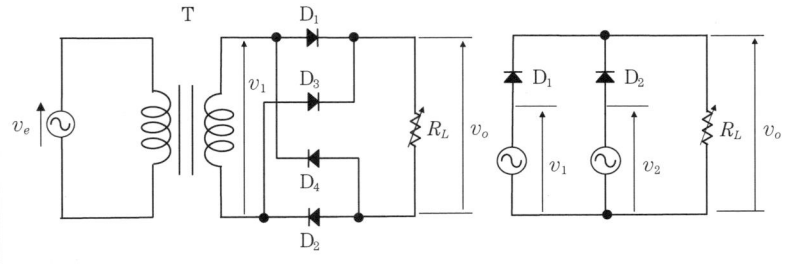

(a) ブリッジ整流回路   (b) 2 電源整流回路

図 1.26 ダイオードによる整流回路例

12   1. 整 流 回 路

[解答] （1）図1.27に電流の経路を示す。図(a)は$v_1 > 0$のときであり，図(b)は$v_1 < 0$のときである。出力電圧v_oの波形は図1.25の全波整流回路と同様となる。ただし，ダイオードが同時に2個直列となるので，ダイオードによる電圧降下は2倍となる。

出力電圧v_oの平均値は，ダイオードによる電圧降下を無視すれば，式(1.2)で与えられる。

（2）$v_1 > 0$かつ$v_1 > v_2$のときダイオードD_1が導通し，電流iが図1.28

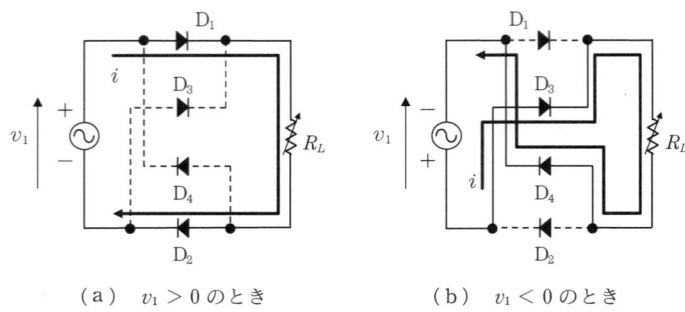

（a）$v_1 > 0$のとき　　　　（b）$v_1 < 0$のとき

図1.27　ブリッジ整流回路の動作モード

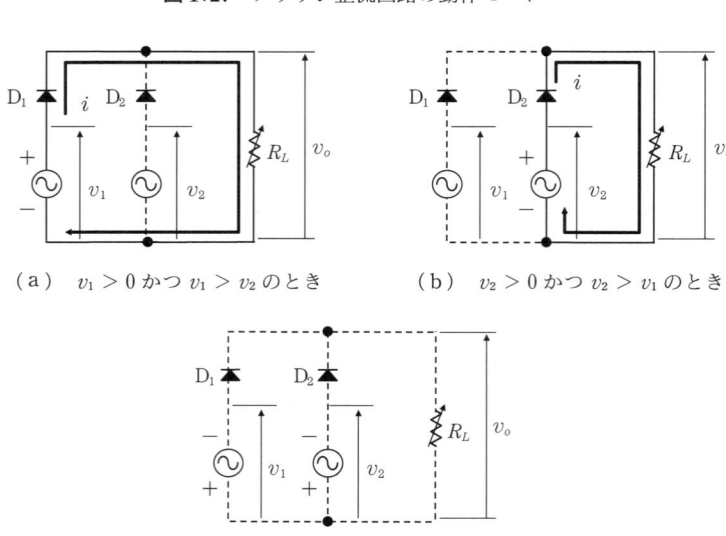

（a）$v_1 > 0$かつ$v_1 > v_2$のとき　　（b）$v_2 > 0$かつ$v_2 > v_1$のとき

（c）$v_1 < 0$かつ$v_2 < 0$のとき

図1.28　2電源整流回路の動作モード

1.3 全波整流回路

(a)のような経路を流れる。$v_2 > 0$ かつ $v_2 > v_1$ のときダイオード D_2 が導通し，電流 i は図(b)のような経路を流れる。$v_1 < 0$ かつ $v_2 < 0$ のときダイオード D_1，D_2 は非導通となり，図(c)のように電流は流れない。

出力電圧波形は**図 1.29**(b)のように，$\text{Max}\{v_1, v_2, 0\}$ の波形となる。ただし，$\text{Max}\{\cdot\}$ は $\{\ \}$ の中の最大値を出力する関数である。この図は振幅が $10\,[\text{V}]$，周波数 $60\,[\text{Hz}]$，位相差 $90°$ の2つの正弦波を用いた場合の実験波形である。

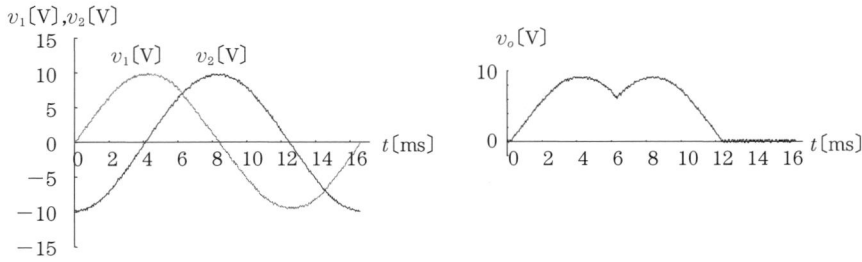

（a） 2電源 v_1，v_2 の波形　　　　（b） ダイオードにより整流された電圧 v_o の波形

図 1.29 2電源整流回路の電圧波形

電圧 v_o の平均値は

$$\overline{v_o} = \frac{1}{2\pi}\int_0^{2\pi} v_o d\theta = \frac{1}{2\pi}\left\{\int_0^{\frac{3\pi}{4}} V_m \sin\theta\, d\theta + \int_{\frac{3\pi}{4}}^{\frac{3\pi}{2}} (-V_m \cos\theta)d\theta\right\}$$

$$= \frac{1}{2\pi}\left\{\left[-V_m \cos\theta\right]_0^{\frac{3\pi}{4}} + \left[-V_m \sin\theta\right]_{\frac{3\pi}{4}}^{\frac{3\pi}{2}}\right\}$$

$$= \frac{V_m}{2\pi}\left\{\left[\frac{1}{\sqrt{2}} + 1\right] + \left[1 + \frac{1}{\sqrt{2}}\right]\right\} = \frac{V_m}{2\pi}(2+\sqrt{2}) \tag{1.3}$$

となる。

2 平滑回路

2.1 平滑回路を持つ全波整流回路

1章で紹介した整流回路を直流電源として用いるには

> 直流電圧の変動が大きすぎる。

そこで，この電圧変動を抑える（平滑する）ことを行う。それには図1.21の全波整流回路の抵抗 R_L の両端にコンデンサを接続することが効果的である。**図 2.1** は電解コンデンサによる平滑回路の例を示す。**図 2.2** はその立体配線図である。

図 2.3 は電解コンデンサの例である。このコンデンサは定格容量 47〔μF〕,

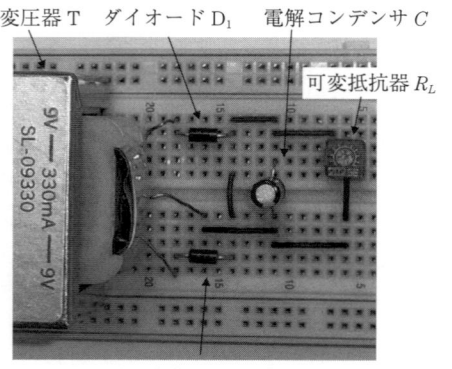

図 2.1 電解コンデンサによる平滑回路の例

2.1 平滑回路を持つ全波整流回路　15

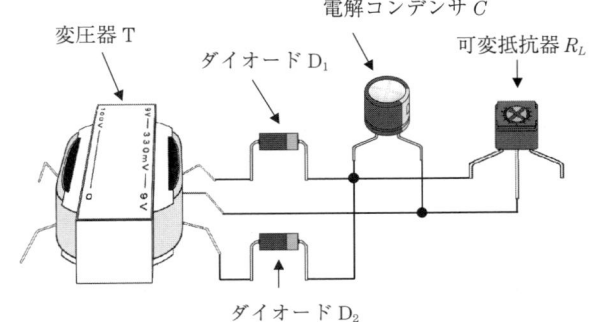

図 2.2 コンデンサによる平滑回路の立体配線図

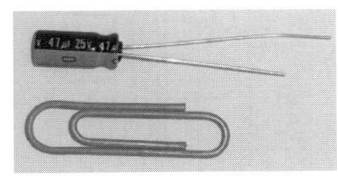

図 2.3 電解コンデンサの例
(47 [μF], 25 [V])

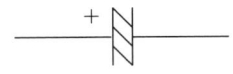

図 2.4 電解コンデンサの記号

定格電圧 25 [V] のものである。電解コンデンサは静電容量の大きなものが得られるが周波数特性はそれほどよくないため，電源などの低周波用途によく用いられている。電解コンデンサは極性を持ち，極性を間違えて接続するとコンデンサが破裂して危険であるので絶対に間違えてはならない。マイナス電極側には写真のように側面に − 印が付いている。また，プラス電極の足のほうが長い。**図 2.4** は電解コンデンサの記号である。極性の区別を示すため，プラス側に ＋ の記号が付してある。

図 2.5 はコンデンサによる平滑回路を持つ全波整流回路の回路図である。変圧器の二次側電圧 v_1，v_2 と出力電圧 v_o との大小関係により，この回路には**図 2.6** に示す 3 つの動作モードがある。$v_1 > v_o$ かつ $v_1 > -v_2$ のときダイオード D_1 が導通し，電流 i_1 は図 2.6（a）の経路を流れる。$-v_2 > v_o$ かつ $-v_2 > v_1$ のときダイオード D_2 が導通し，電流 i_1 は図（b）の経路を流れる。$v_1 < v_o$ かつ $-v_2 < v_o$ のとき図（c）のようにダイオード D_1，D_2 は非導通となり，電

16 2. 平滑回路

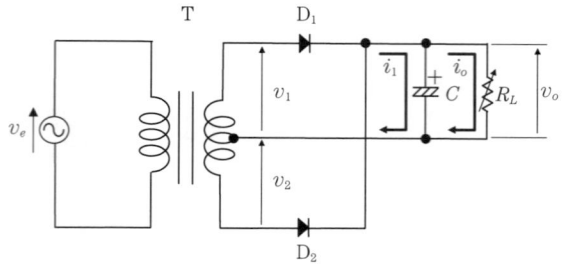

図 2.5　コンデンサによる平滑回路を持つ
全波整流回路の回路図

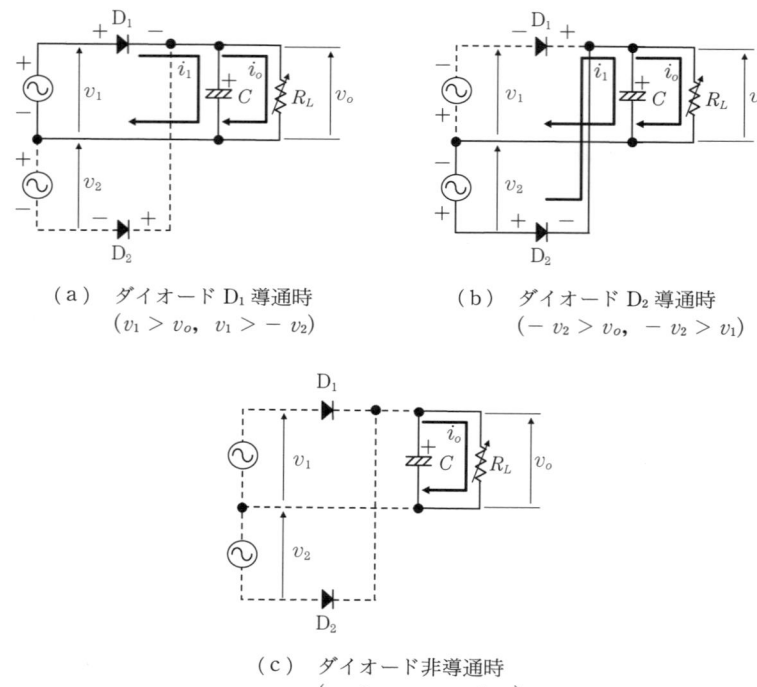

（a）ダイオード D_1 導通時
$(v_1 > v_o,\ v_1 > -v_2)$

（b）ダイオード D_2 導通時
$(-v_2 > v_o,\ -v_2 > v_1)$

（c）ダイオード非導通時
$(v_1 < v_o,\ -v_2 < v_o)$

図 2.6　コンデンサによる平滑回路を持つ全波整流回路の動作モード

流 i_1 は流れない。出力電流 i_o はコンデンサ C からの放電電流であり，ダイオードの導通，非道通にかかわりなくつねに流れる。

コンデンサ C には電流 i_1 による充電と出力電流 i_o による放電がなされる。

抵抗による消費電力を P とすると，$P = v_o^2/R$ [W] である．出力電圧 v_o が不変のとき，負荷抵抗 R_L の抵抗値が小さいほど，負荷抵抗による消費電力は大きい．このとき負荷は重いという．図 2.7 はコンデンサインプット型整流回路の負荷抵抗 R_L の抵抗値が大きいとき（軽負荷時）と小さいとき（重負荷時）の出力電圧 v_o の変化の様子を示す．図の①〜③の期間の回路動作は図 2.6（a）〜（c）とそれぞれ対応している．重負荷時（図（b））にはコンデンサ C の放電電流が大きいため，③（図 2.6 では（c））の期間において放電電流 i_o による出力電圧 v_o の低下が見られる．

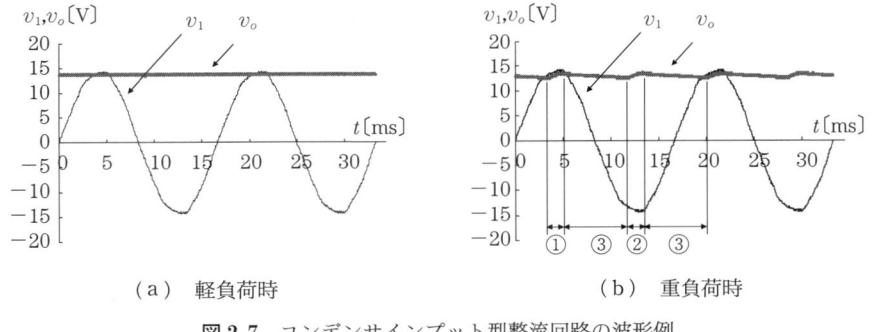

(a) 軽負荷時　　　　　　　　(b) 重負荷時

図 2.7　コンデンサインプット型整流回路の波形例

2.2　全波整流回路における過渡現象

電流 i_1，i_o よるコンデンサ C の充電・放電過程は過渡現象である．電流 i_1 とコンデンサ C の両端電圧 v_o の実験波形を図 2.8 に示す．この波形の収録時には負荷を重くして，v_o の変化を大きくしてある．電流 i_1 が零でない期間はダイオード D_1，D_2 のいずれかが導通している．この期間ではコンデンサ C が充電され，コンデンサの両端電圧 v_o が上昇している．電流 i_1 が零の期間はダイオード D_1，D_2 が非導通であり，コンデンサには放電電流 i_o のみが流れ，コンデンサ電圧 v_o は低下している．ダイオード導通時と非導通時の等価回路を図 2.9（a），（b）にそれぞれ示す．導通時の等価回路において，変圧器は抵抗

18   2. 平 滑 回 路

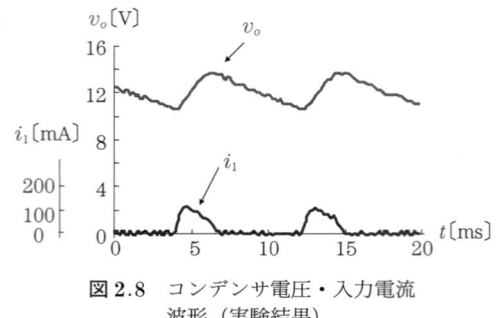

図2.8　コンデンサ電圧・入力電流波形（実験結果）

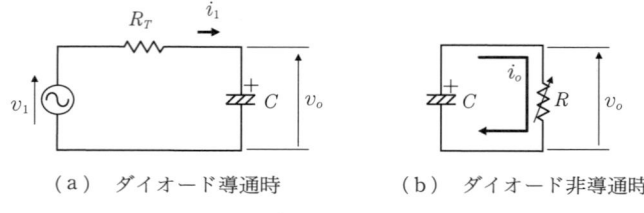

（a）ダイオード導通時　　　　（b）ダイオード非導通時

図2.9　整流回路の等価回路

R_T で近似し，また，負荷抵抗 R_L は無視している．

　図（a）においてダイオードが通電を開始する時刻を $t=0$ とする．このときの電源電圧 $v_1(0) = V_m \sin\theta$ とすると，この回路の回路方程式は

$$R_T i_1 + \frac{1}{C}\int_0^t i_1 dt + v_1(0) = V_m \sin(\omega t + \theta) \tag{2.1}$$

となる．

　この式をラプラス変換すると

$$R_T I_1 + \frac{1}{sC}I_1 + \frac{v_1(0)}{s} = \frac{\omega\cos\theta + s\sin\theta}{s^2 + \omega^2}V_m \tag{2.2}$$

となる．この式を I_1 について整理すると

$$\begin{aligned}
I_1 &= \frac{s\omega\cos\theta + s^2\sin\theta}{(s^2+\omega^2)\left(s+\dfrac{1}{R_T C}\right)}\cdot\frac{V_m}{R_T} - \frac{1}{s+\dfrac{1}{R_T C}}\cdot\frac{v_1(0)}{R_T} \\
&= \frac{\alpha s + \beta}{s^2+\omega^2}\cdot\frac{V_m}{R_T} + \frac{\gamma}{s+\dfrac{1}{R_T C}}\cdot\frac{V_m}{R_T} - \frac{1}{s+\dfrac{1}{R_T C}}\cdot\frac{v_1(0)}{R_T}
\end{aligned} \tag{2.3}$$

と求められる。ただし，係数 α, β, γ は

$$\alpha = \frac{\dfrac{\omega}{R_T C}\cos\theta + \omega^2 \sin\theta}{\omega^2 + \left(\dfrac{1}{R_T C}\right)^2}, \quad \beta = \frac{\omega^3 \cos\theta - \dfrac{\omega^2}{R_T C}\sin\theta}{\omega^2 + \left(\dfrac{1}{R_T C}\right)^2},$$

$$\gamma = \frac{-\dfrac{\omega}{R_T C}\cos\theta + \left(\dfrac{1}{R_T C}\right)^2 \sin\theta}{\omega^2 + \left(\dfrac{1}{R_T C}\right)^2} \tag{2.4}$$

である。式(2.3)を逆ラプラス変換することで，電流 i_1 は

$$i_1 = \frac{V_m}{R_T}\left(\alpha\cos\omega t + \frac{\beta}{\omega}\sin\omega t + \gamma e^{-\frac{t}{R_T C}}\right) - \frac{V_m \sin\theta}{R_T}e^{-\frac{t}{R_T C}}$$

$$= \frac{V_m}{\sqrt{R_T{}^2 + \left(\dfrac{1}{\omega C}\right)^2}}\sin(\omega t + \varphi + \theta)$$

$$- \frac{V_m}{\sqrt{R_T{}^2 + \left(\dfrac{1}{\omega C}\right)^2}}\cdot\frac{1}{\omega C R_T}\cos(\varphi + \theta)e^{-\frac{t}{R_T C}} - \frac{V_m \sin\theta}{R_T}e^{-\frac{t}{R_T C}}$$

$$\tag{2.5}$$

となる。ただし，$\tan\varphi = 1/\omega C R_T$ である。

図 2.10 は式(2.5)から得られた波形である。電源電圧 $v_1 = V_m \sin(\omega t + \theta)$ であり，また，出力電圧 v_o は電流 i_1 を積分することで求められる。ここで，$\theta = (1.1/4)\pi$，電源電圧振幅 $V_m = 14\,[\text{V}]$，電源周波数 $f = 60\,[\text{Hz}]$，変圧器の巻線抵抗の二次側換算値 $R_T = 3.9\,[\Omega]$，コンデンサの静電容量 $C = 47\,[\mu\text{F}]$

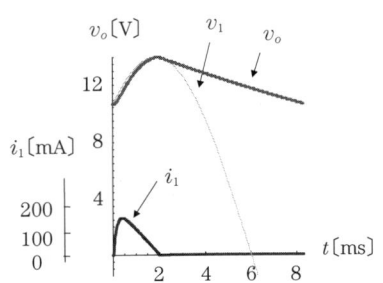

図 2.10 コンデンサ電圧・入力電流波形（計算結果）

20　2. 平　滑　回　路

であった。

以上により整流回路の

> 出力電圧の変動を小さくすることができた。

課題 2.1

図 2.5 の整流回路においてダイオード D_1，D_2 が非導通のとき，電流 i_o に関する回路方程式を立て，電流 i_o および出力電圧 v_o を与える式を求めよ。ただし，ダイオード D_1，D_2 が非導通となった時点を $t = 0$ とし，$v_o(0) = V_p$ とする。

[解答] 図 2.9（b）において

$$Ri_o + \frac{1}{C}\int_0^t i_o dt = v_o(0) \tag{2.6}$$

$$RI_o + \frac{1}{sC}I_o = \frac{V_p}{s} \tag{2.7}$$

$$I_o = \frac{1}{s + \frac{1}{RC}} \cdot \frac{V_p}{R} \tag{2.8}$$

$$i_o = \frac{V_p}{R}e^{-\frac{t}{RC}} \tag{2.9}$$

$$v_o = Ri_o = V_p e^{-\frac{t}{RC}} \tag{2.10}$$

となる。　■

3 3端子レギュレータ

2章のように整流回路の出力にコンデンサを挿入することで直流出力電圧の変動を小さくすることができた。本章では

直流出力電圧変動をさらに抑える

ための回路方式について述べる。

3.1 ツェナーダイオードの特性と基準電圧源

直流電圧変動を抑えるためには

基準電圧源を必要とする。

ツェナーダイオードがこの基準電圧源に適している。ツェナーダイオードは逆耐圧が低くなるように作られたダイオードである。**図 3.1** はツェナーダイオードの外観例である。定格が 5.1 [V], 500 [mW] のものである。定格電圧が

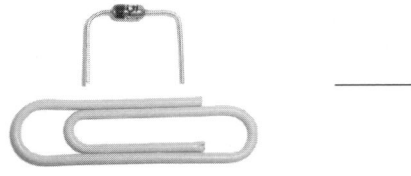

(5.1 [V], 500 [mW])

図 3.1 ツェナーダイオードの外観例

図 3.2 ツェナーダイオードの記号

3. 3端子レギュレータ

ダイオード表面に刻印されている。**図3.2**はツェナーダイオードの記号である。

図3.3に定格電圧5.1〔V〕のツェナーダイオードの特性例を示す。順方向は普通のダイオードと同様の特性を示しているが，逆方向は5〔V〕程度の電圧で導通する特性を示している。この導通時の逆方向電圧は導通電流が－5〔mA〕以下では5.1〔V〕でほぼ一定となっている。この電圧が**ツェナー電圧**と呼ばれ，電子回路の基準電圧源として用いられる。なお，定格が500〔mW〕のものでは500/5.1 ≒ 98〔mA〕までの逆方向電流を流すことができる。

図3.4はツェナーダイオードを用いた**基準電圧源**の例である。**図3.5**に立体

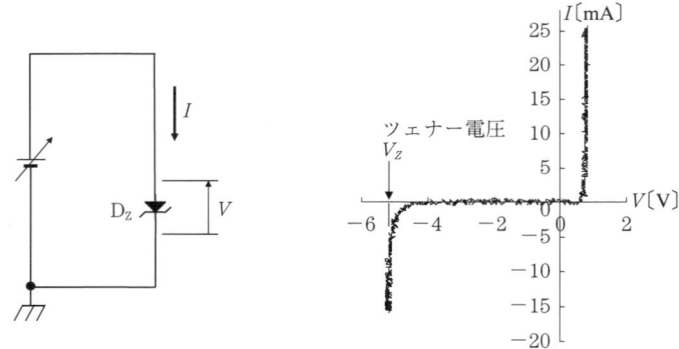

図3.3 ツェナーダイオードの特性例（$V_Z = 5.1$〔V〕）

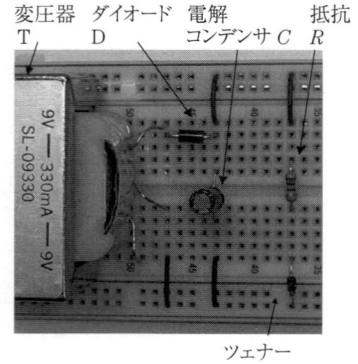

図3.4 ツェナーダイオードを用いた基準電圧源の例

3.1 ツェナーダイオードの特性と基準電圧源   23

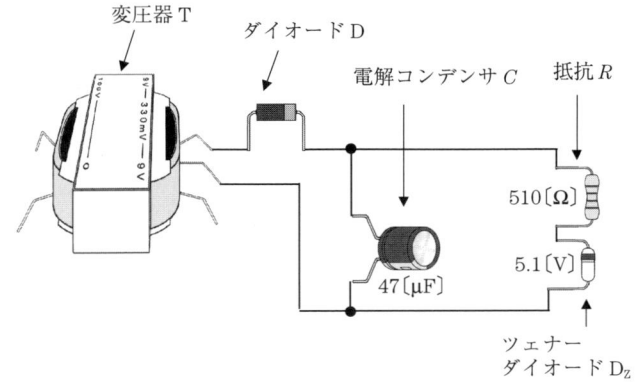

図 3.5　ツェナーダイオードによる基準電圧源の立体配線図

配線図を示す．図中の**抵抗**の拡大写真を**図 3.6**(a)に示す．抵抗の記号を同図(b)に示す．本書では上側のギザギザの線状の記号を用いる．抵抗値は色（**カラーコード**）により示されている．図中の抵抗には 4 本の帯が付けられている．

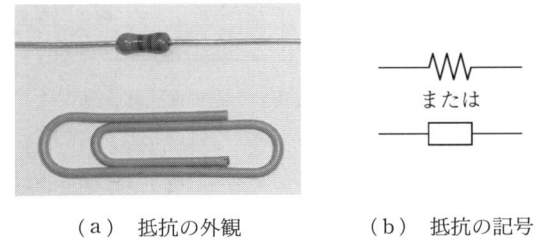

　　（a）抵抗の外観　　　（b）抵抗の記号
図 3.6　抵　　抗

表 3.1 はカラーコード表を示す．4 本の帯の色が緑，茶，茶，金である場合，抵抗値は $51 \times 10^1 \pm 5\,\%\,[\Omega] = 510 \pm 5\,\%\,[\Omega]$ である．最後の金色は抵抗値の精度を表す．茶，黒，橙，銀であれば，$10 \times 10^3 \pm 10\,\%\,[\Omega] = 10 \pm 10\,\%\,[\mathrm{k}\Omega]$ となる．

ツェナーダイオードを用いた基準電圧源の回路図を**図 3.7** に示す．コンデンサ C の両端に抵抗 R とツェナーダイオード $\mathrm{D_Z}$ を直列に接続してある．ツェナーダイオードは逆方向に導通させて利用する．抵抗 R の値はツェナーダイ

表 3.1 カラーコード表

黒:0	金: ±5%
茶:1	銀: ±10%
赤:2	なし:±20%
橙:3	
黄:4	
緑:5	
青:6	
紫:7	
灰:8	
白:9	

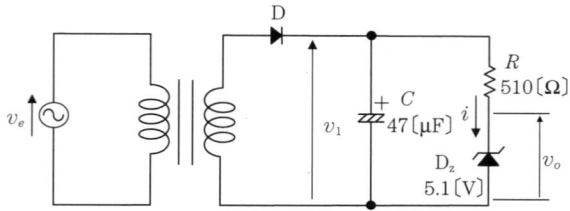

図 3.7 ツェナーダイオードを用いた基準電圧源の回路図

オードに逆方向に流れる電流がツェナーダイオードの定格値を超えないように設定する。

　図 3.8 はコンデンサ C の両端電圧 v_1 およびツェナーダイオードの逆方向電圧 v_o の波形例である。電圧 v_1 はこれまでの半波整流回路と同様に、コンデンサ C の充放電により変動している。電圧 v_o は 5.1 [V] で一定となっている。このときツェナーダイオードに流れる逆方向電流 i は

$$i = \frac{v_1 - v_o}{R} = \frac{(10 \sim 14)\,[\text{V}] - 5.1\,[\text{V}]}{510\,[\Omega]} = 9.6 \sim 17\,[\text{mA}] \quad (3.1)$$

となり、逆方向電圧が一定となる 5 [mA] を上回り、また、定格の 98 [mA] を下回っている。

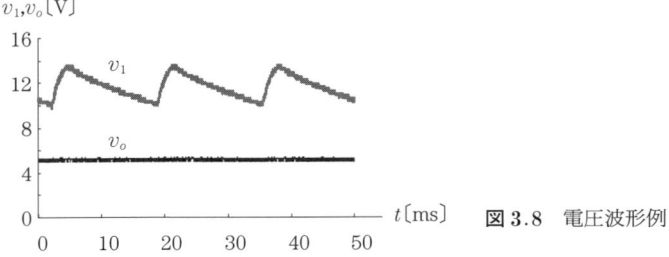

図 3.8　電圧波形例

3.2　バイポーラトランジスタの特性

　図 3.4 の回路により基準電圧源を得ることができた。しかし，このままの回路では大きな電流を取り出すことができない。そこで，バイポーラトランジスタの特性を利用する。図 3.9 はバイポーラトランジスタの外観例を示す。これは NPN 型のトランジスタ 2SC1815 である。本書では以降このトランジスタを主に用いる。刻印のある面を上にして，写真の方向から見たとき，電極は左から**エミッタ**(E)，**コレクタ**(C)，**ベース**(B) である。このトランジスタの最大定格はコレクタ-エミッタ間電圧 60 [V]，コレクタ電流 150 [mA] である。

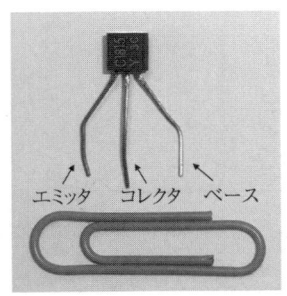

図 3.9　バイポーラトランジスタの外観例（2SC1815）

　図 3.10 は**ベース-エミッタ間電圧対ベース電流特性**（V_{BE}-I_B 特性）のオシロスコープによる測定結果である。トランジスタの V_{BE}-I_B 特性はダイオードと同じ特性であることがわかる。ベース-エミッタ間電圧 V_{BE} がおよそ 0.7

26   3. 3端子レギュレータ

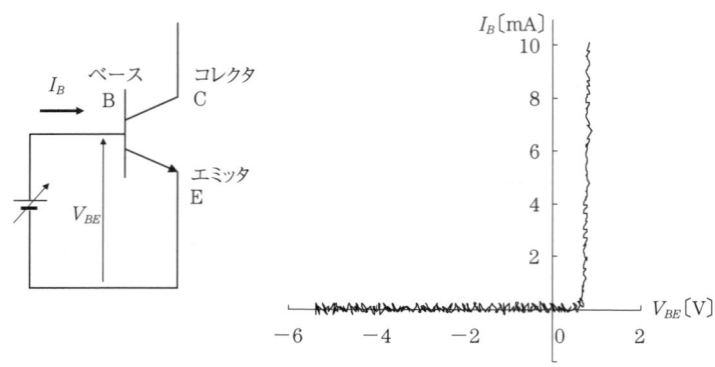

図3.10 ベース-エミッタ間電圧対ベース電流特性

[V]を超えたあたりからベース電流 I_B が立ち上がっている。

図3.11(a)はこの立ち上がり特性を直線で近似したものである。図(b)は，$V_{BE} > V_{B0}$ における，この特性の等価回路である。抵抗 R_B はベース-エミッタ間電圧の変化分 $\varDelta V_{BE}$ とベース電流の変化分 $\varDelta I_B$ から

$$R_B = \frac{\varDelta V_{BE}}{\varDelta I_B} \tag{3.2}$$

と求められる。

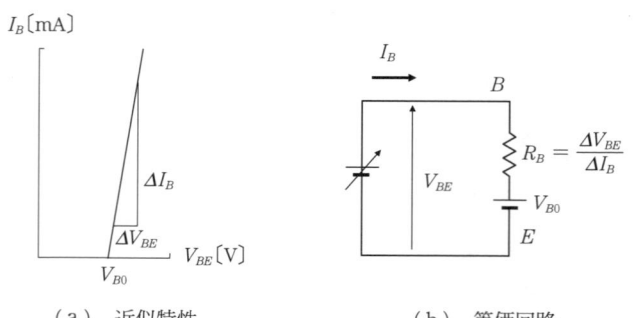

（a） 近似特性　　　　　（b） 等価回路

図3.11 ベース-エミッタ間電圧対ベース電流の近似特性と等価回路

図3.12は**コレクタ-エミッタ間電圧対コレクタ電流特性**（V_{CE}-I_C 特性）の測定結果を示す。ベース電流 I_B の変化によりコレクタ電流 I_C は大きく変化している。一方，V_{CE} の変化に対して I_C の変化は少ない。$I_B = 100$ [μA] のと

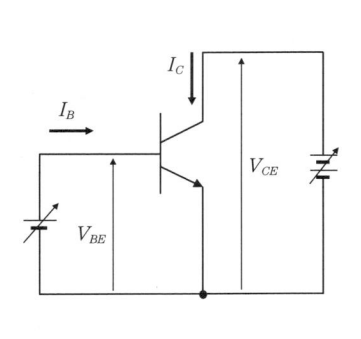

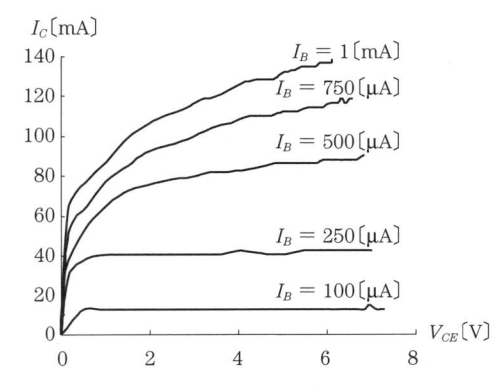

図 3.12 コレクタ-エミッタ間電圧対コレクタ電流特性

き，$V_{CE} > 0.5\,[\mathrm{V}]$ において，I_C は約 $14\,[\mathrm{mA}]$ で一定である．同様に，$I_B = 250\,[\mu\mathrm{A}]$ のとき，I_C は約 $40\,[\mathrm{mA}]$ で一定である．

図 3.13 はこのときの**トランジスタの等価回路**を示す．コレクタ電流 I_C がベース電流 I_B により決定され，しかもコレクタ-エミッタ間電圧 V_{CE} に依存しない特性は，電流源 βI_B により表現できる．ここで，$\beta(= I_C/I_B)$ は電流増幅率であり，一定値で近似している．図 3.12 の特性例では $\beta > 100$ である．ベース電流 $I_B = 500\,[\mu\mathrm{A}]$ のときには，コレクタ電流 I_C はコレクタ-エミッタ間電圧 V_{CE} の増加とともに増えているので，I_C が V_{CE} に依存しないとする近似からずれてしまうが，基本動作の理解には電流源による近似が有効である．図 3.13 のベース-エミッタ間は図 3.11(b) の等価回路である．

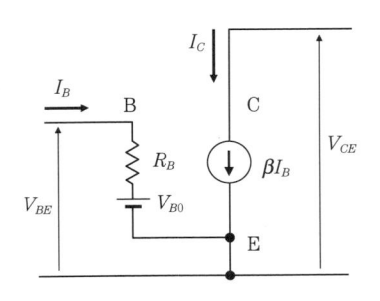

図 3.13 トランジスタの等価回路

3.3 3端子レギュレータ

このトランジスタの特性を利用した3端子レギュレータの実験回路と立体配線図，および回路図をそれぞれ**図3.14**〜**図3.16**に示す。図3.7の基準電圧源の回路に対して，新たにトランジスタTrが挿入されている。負荷抵抗R_Lに流れる出力電流i_oは電源からトランジスタTrを通して供給される。

図3.17は図3.14の回路の実験波形例である。図(a)は負荷が軽い（負荷抵抗が大きい（$R_L = 2\,[\mathrm{k}\Omega]$））場合であり，図(b)は負荷が重い（負荷抵抗が小さい（$R_L = 70\,[\Omega]$））場合である。負荷が軽いときはコンデンサCの放電電流は小さく，コンデンサCの両端電圧v_1の変動幅は小さい。負荷が重くなると

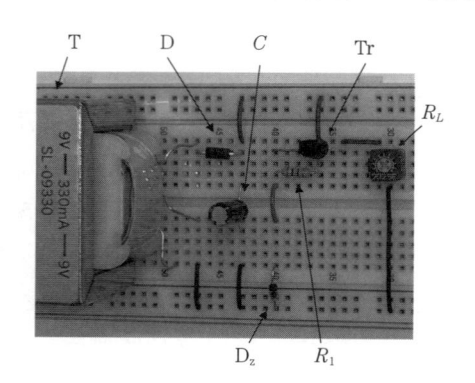

図3.14 3端子レギュレータの実験回路

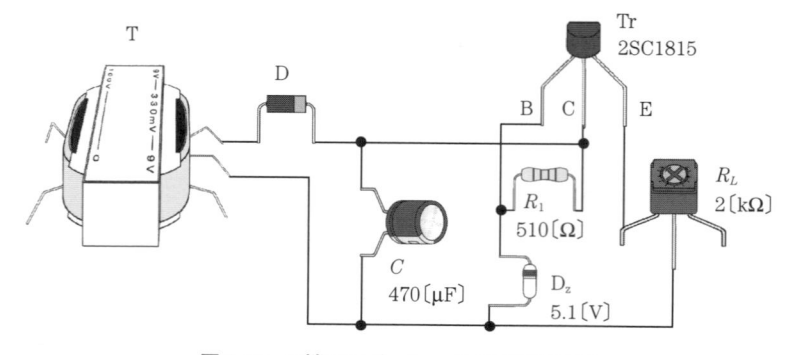

図3.15 3端子レギュレータの立体配線図

3.3 3端子レギュレータ

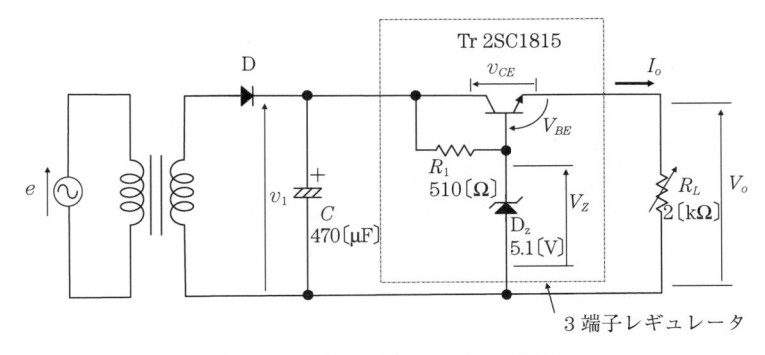

図 3.16 3端子レギュレータの回路図

(a) 軽負荷時 ($R_L = 2 \, [\mathrm{k}\Omega]$)

(b) 重負荷時 ($R_L = 70 \, [\Omega]$)

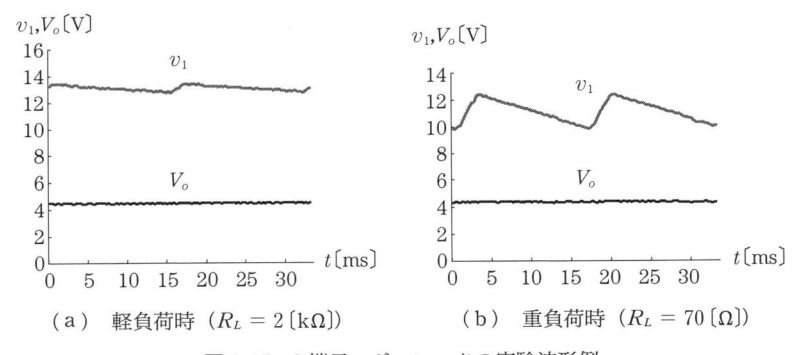

図 3.17 3端子レギュレータの実験波形例

C の放電電流が増え，v_1 の変動幅は大きくなっている．しかし，出力電圧 V_o はいずれの場合も $4.4 \, [\mathrm{V}]$ 付近でほぼ一定である．

この回路の動作原理を**図 3.18** の等価回路を用いて説明する．図はツェナーダイオード D_z と負荷抵抗 R_L およびトランジスタ Tr の部分を抜粋し，トランジスタを図 3.13 の等価回路で置き換えたものである．

この回路において

$$V_z - V_{B0} = R_B I_B + R_L I_o \tag{3.3}$$

が成り立つ．

$$I_o = I_B + I_C = (1 + \beta) I_B \tag{3.4}$$

であるので

3. 3端子レギュレータ

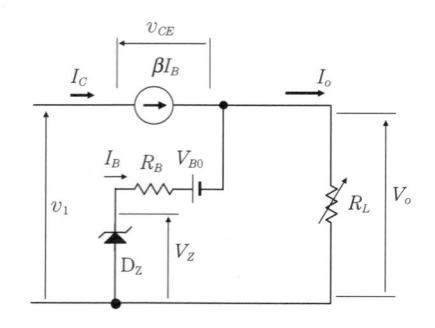

図 3.18 3端子レギュレータのトランジスタ部分の等価回路

$$V_Z - V_{B0} = R_B I_B + R_L(1+\beta)I_B \tag{3.5}$$

となる。これは，電圧 $V_Z - V_{B0}$ が抵抗 R_B と $R_L(1+\beta)$ により分圧されることを意味する。負荷抵抗 R_L はトランジスタの電流増幅効果により，$(1+\beta)$ 倍の大きな値の抵抗として働く。出力電圧 V_o は

$$V_o = \frac{(1+\beta)R_L}{R_B + (1+\beta)R_L}(V_Z - V_{B0}) \tag{3.6}$$

により与えられる。

$V_Z = 5.1\,[\mathrm{V}]$, $V_{B0} = 0.7\,[\mathrm{V}]$, $R_B = 100\,[\Omega]$, $\beta = 100$ としたとき，$R_L = 2\,[\mathrm{k\Omega}]$, $70\,[\Omega]$ の場合の出力電圧 V_o はそれぞれ $4.40\,[\mathrm{V}]$, $4.34\,[\mathrm{V}]$ である。$R_L(1+\beta)$ の値が R_B の値に対して十分に大きい範囲では，R_L の変化（負荷の変化）に対して出力電圧 V_o の変化は小さい。

トランジスタのコレクタ-エミッタ間電圧 v_{CE} は

$$v_{CE} = v_1 - V_o \tag{3.7}$$

で決まる。電源電圧 v_1 の変動分はトランジスタのコレクタ-エミッタ間に印加され，出力電圧 V_o は一定に保たれる。

図 3.16 の破線で囲んだ回路は3つの端子からなることから3端子レギュレータと呼ばれる。ツェナー電圧の異なるツェナーダイオードを用いれば，異なる出力電圧の3端子レギュレータを製作できる。

3.4 出力電圧可変型3端子レギュレータ

図 3.14 の回路により直流出力電圧変動を抑えることができた．しかし，この回路では出力電圧はツェナーダイオードのツェナー電圧で固定されてしまう．そこで

> 3端子レギュレータの直流出力電圧を可変とする

ことを考える．

図 3.19 は出力電圧を可変とした3端子レギュレータの実験回路である．図 3.20 はその立体配線図，図 3.21 は回路図である．

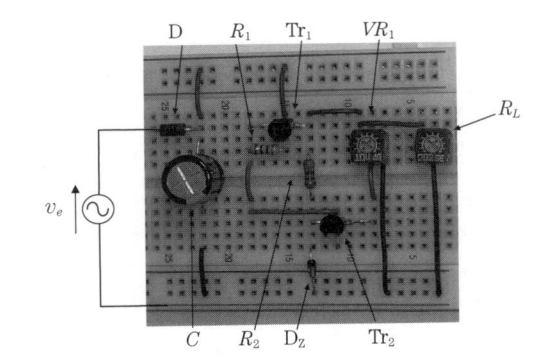

図 3.19 出力電圧可変型3端子レギュレータの実験回路

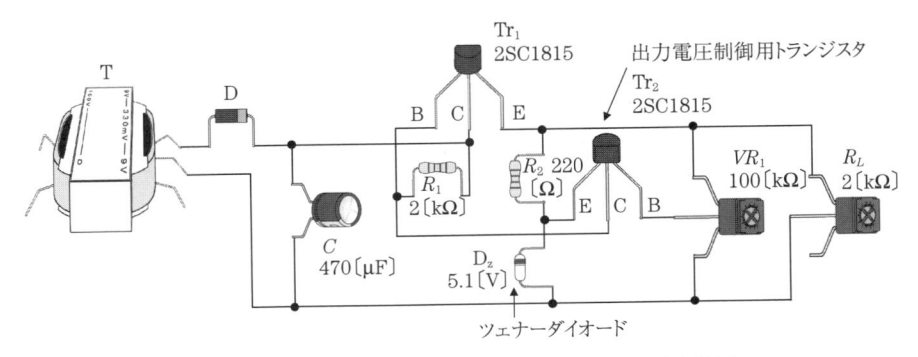

図 3.20 出力電圧可変型3端子レギュレータの立体配線図

3. 3端子レギュレータ

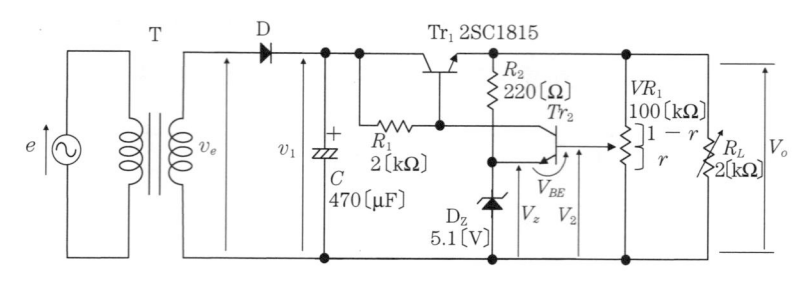

図 3.21 出力電圧可変型 3 端子レギュレータの回路図

工夫のポイントはトランジスタ Tr_2 と可変抵抗器 VR_1 である。トランジスタ Tr_2 のベース電位 V_2 はツェナーダイオードのツェナー電圧 V_Z とトランジスタ Tr_2 のベース-エミッタ間電圧 V_{BE} の和の電圧であり

$$V_2 = V_Z + V_{BE} \fallingdotseq 5.1 + 0.7 = 5.8 \,[\text{V}] \tag{3.8}$$

でほぼ一定となる。可変抵抗 VR_1 の抵抗値がスライド端子により上側と下側で $1-r:r$ の比に内分されるとき，出力電圧 V_o は

$$V_o = \frac{1}{r} V_2 \tag{3.9}$$

となる。V_2 がほぼ一定であるので，V_o もほぼ一定となる。

図 3.22 は図 3.19 の回路を用いた実験波形である。図（a）は出力電圧 V_o が低い場合であり，図（b）は高い場合である。いずれの場合も $V_Z = 5.1\,[\text{V}]$，$V_2 \fallingdotseq 5.8\,[V]$ である。出力電圧 V_o は電源側の電圧 v_1 の変動に無関係に一定

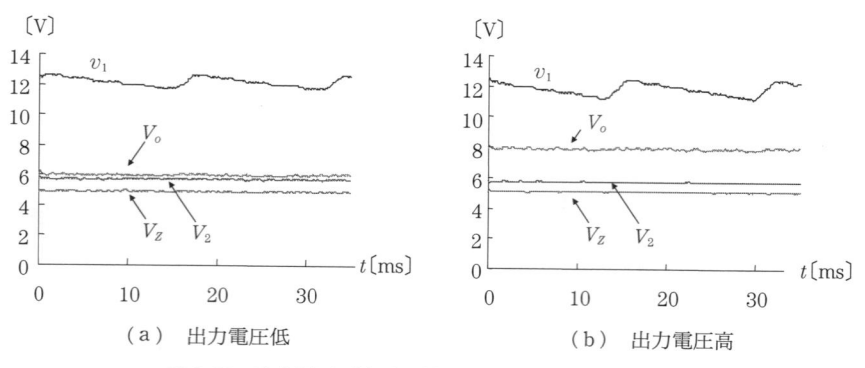

(a) 出力電圧低

(b) 出力電圧高

図 3.22 出力電圧可変型 3 端子レギュレータの実験波形

電圧となっている。

> **課題 3.1**
>
> 図 3.23 はツェナーダイオードを用いた電圧源の回路図である。電源 E の電圧 $V_E = 10.2\,[\text{V}]$ とする。逆方向に 5 [mA] 以上の電流が流れるとき，ツェナーダイオードの逆方向電圧は 5.1 [V] で一定になるとする。電圧 V_o を 5.1 [V] 一定とする可変抵抗 VR の下限値を求めよ。

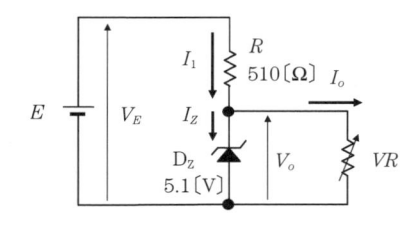

図 3.23 ツェナーダイオードを用いた電圧源の回路図

[解答] 抵抗 R を流れる電流を I_1 とすると

$$I_1 = \frac{V_E - V_o}{R} = \frac{10.2\,[\text{V}] - 5.1\,[\text{V}]}{510\,[\Omega]}$$
$$= 10\,[\text{mA}] \tag{3.10}$$

ツェナーダイオードの逆方向電流 I_z は最低 5 [mA] 流れなければならないので，可変抵抗 VR 側に分流できる電流は

$$I_o \leq 10 - 5 = 5\,[\text{mA}] \tag{3.11}$$

である。よって

$$VR_{\min} \geq \frac{5.1\,[\text{V}]}{5\,[\text{mA}]} \fallingdotseq 1.0\,[\text{k}\Omega] \tag{3.12}$$

となる。 ■

> **課題 3.2**
>
> 図 3.24 は 3 端子レギュレータの回路図である。負荷抵抗 $R_L = 100\,[\Omega]$，抵抗 $R_1 = 510\,[\Omega]$，ツェナーダイオードのツェナー電圧 $V_Z = 5.1\,[\text{V}]$，トランジスタの電流増幅率 $\beta = I_C/I_B = 100$，トランジス

タのベース-エミッタ間電圧 $V_{BE} = 0.7 \, [\mathrm{V}]$ とする。出力電流 I_o，トランジスタのコレクタ電流 I_C，ベース電流 I_B，ツェナーダイオードの電流 I_Z を求めよ。

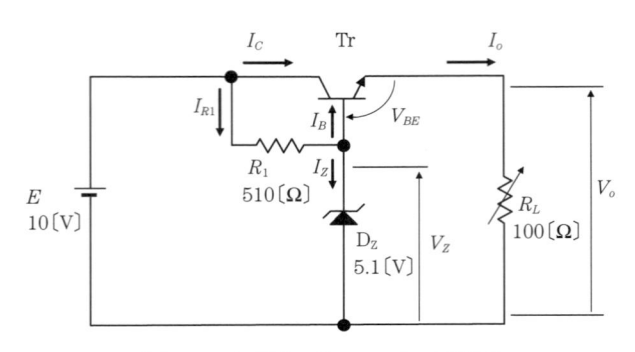

図 3.24 3端子レギュレータの回路図

[解答] 出力電圧　　$V_o = V_Z - V_{BE} = 5.1 - 0.7 = 4.4 \, [\mathrm{V}]$

出力電流　　$I_o = \dfrac{V_o}{R_L} = \dfrac{4.4}{100} = 44 \, [\mathrm{mA}]$

コレクタ電流　　$I_c = \dfrac{\beta}{1+\beta} I_o \fallingdotseq 44 \, [\mathrm{mA}]$

ベース電流　　$I_B = \dfrac{1}{1+\beta} I_o \fallingdotseq 0.44 \, [\mathrm{mA}]$

抵抗 R_1 を流れる電流　　$I_{R1} = \dfrac{E - V_Z}{R_1} = \dfrac{10 - 5.1}{510} \fallingdotseq 9.6 \, [\mathrm{mA}]$

ツェナーダイオードの電流　　$I_Z = I_{R1} - I_B \fallingdotseq 9.6 - 0.44 \fallingdotseq 9.2 \, [\mathrm{mA}]$ ■

課題 3.3

図 3.25 は出力電圧可変型3端子レギュレータの回路図である。負荷抵抗 $R_L = 500 \, [\Omega]$，抵抗 $R_1 = 2 \, [\mathrm{k}\Omega]$，$R_2 = 220 \, [\Omega]$，ツェナーダイオードのツェナー電圧 $V_Z = 5.1 \, [\mathrm{V}]$，トランジスタの電流増幅率 $\beta = I_c / I_B = 100$，トランジスタ Tr_1，Tr_2 のベース-エミッタ間電圧 $V_{BE1} = V_{BE2} = 0.7 \, [\mathrm{V}]$ とする。可変抵抗 VR_1 の上側と下側の抵抗比 $r = 0.8$ とする。出力電流 I_o，トランジスタ Tr_1，Tr_2 のコレクタ

電流 I_{C1}, I_{C2}, トランジスタ Tr_1 のベース電流 I_{B1}, 抵抗 R_1 の電流 I_{R1} を求めよ。

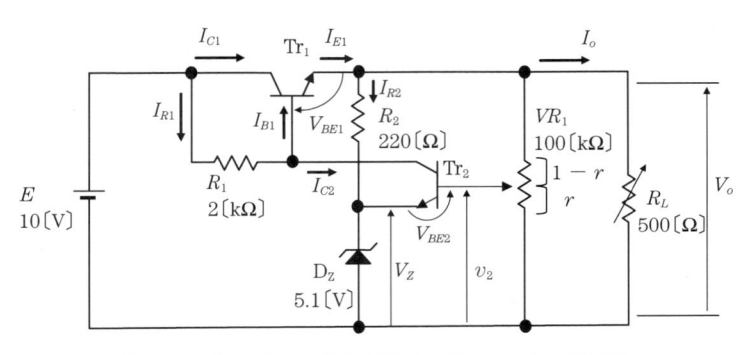

図 3.25 出力電圧可変型 3 端子レギュレータの回路図

[解答] 出力電圧 $\quad V_o = \dfrac{1}{r}(V_Z + V_{BE2}) = \dfrac{1}{0.8}(5.1 + 0.7) \fallingdotseq 7.3\,[\text{V}]$

出力電流 $\quad I_o = \dfrac{V_o}{R_L} \fallingdotseq \dfrac{7.3}{500} = 15\,[\text{mA}]$

可変抵抗 VR_1 を流れる電流は無視する。

抵抗 R_2 を流れる電流 $\quad I_{R2} = \dfrac{V_o - V_Z}{R_2} \fallingdotseq \dfrac{7.3 - 5.1}{220} = 10\,[\text{mA}]$

トランジスタ Tr_1 のエミッタ電流 $\quad I_{E1} = I_o + I_{R2} \fallingdotseq 15 + 10 = 25\,[\text{mA}]$

トランジスタ Tr_1 のコレクタ電流 $\quad I_{C1} = \dfrac{\beta}{1+\beta} I_{E1} \fallingdotseq 25\,[\text{mA}]$

ベース電流 $\quad I_{B1} = \dfrac{1}{1+\beta} I_{E1} \fallingdotseq 0.25\,[\text{mA}]$

抵抗 R_1 を流れる電流

$$I_{R1} = \dfrac{E - V_o - V_{BE1}}{R_1} \fallingdotseq \dfrac{10 - 7.3 - 0.7}{2\,000} = 1.0\,[\text{mA}]$$

トランジスタ Tr_2 のコレクタ電流

$I_{C2} = I_{R1} - I_{B1} \fallingdotseq 1.0 - 0.25 = 0.75\,[\text{mA}]$ ∎

4 降圧チョッパ回路

4.1 降圧チョッパ回路の基本構成

3章の3端子レギュレータにより直流出力電圧変動を抑えることができた。しかし，この3端子レギュレータは効率の悪い電圧変動抑制法である。

課題 4.1

図 4.1 は 3 端子レギュレータの回路図である。この回路の効率を求めよ。ただし，電源電圧 $V_E = 10$ [V]，トランジスタのベース-エミッタ間電圧 $V_{BE} = 0.7$ [V]，出力電流 $I_o = 100$ [mA] とする。また，簡単にするため，抵抗 R_1，ツェナーダイオード D_Z による損失は無視できるものとする。また，トランジスタのベース電流 I_B も無視できるほど小さいとして，トランジスタのコレクタ電流 $I_C = 100$ [mA] とする。

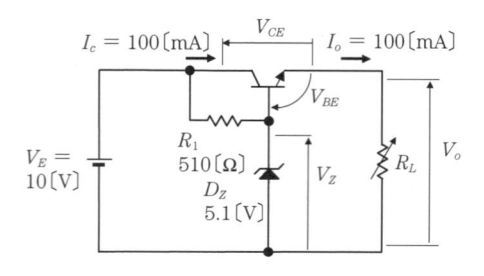

図 4.1 3端子レギュレータの回路図

4.1 降圧チョッパ回路の基本構成

[解答] 出力電圧 V_o は

$$V_o = V_Z - V_{BE} = 5.1 - 0.7 = 4.4 \,[\mathrm{V}] \tag{4.1}$$

となる。出力電力 P_o および電源からの入力電力 P_i は，それぞれ

$$P_o = V_o I_o = 4.4 \,[\mathrm{V}] \times 100 \,[\mathrm{mA}] = 0.44 \,[\mathrm{W}]$$
$$P_i = V_E I_C = 10 \,[\mathrm{V}] \times 100 \,[\mathrm{mA}] = 1.0 \,[\mathrm{W}] \tag{4.2}$$

と求められる。したがって，3端子レギュレータの効率 η は

$$\eta = \frac{P_o}{P_i} = \frac{0.44}{1.0} \times 100 \,[\%] = 44 \,[\%] \tag{4.3}$$

となる。∎

本章では

> **効率の良い出力電圧変動抑制法**

を紹介する。

図 4.2(a) は効率の良い出力電圧制御（スイッチング電源）の基本原理を示す回路である。スイッチ S_W がオンのときスイッチの両端電圧 v_{SW} は零であり，スイッチにおける損失 P_{SW} は

$$P_{SW} = v_{SW} i_o = 0 \tag{4.4}$$

である。

（a）スイッチング回路　　　　　　（b）出力電圧波形

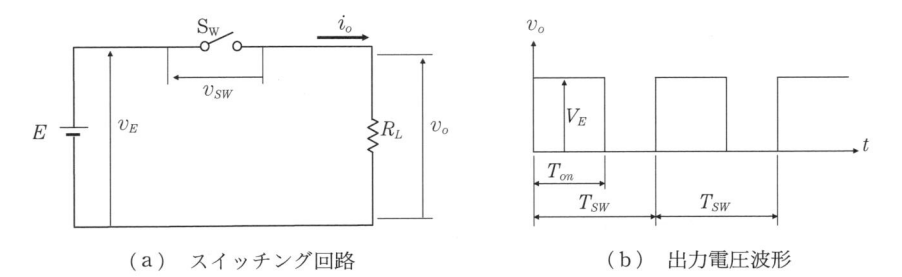

図 4.2 スイッチング電源

また，スイッチ S_W がオフのとき負荷抵抗 R_L に流れる電流 i_o は零であり，このときスイッチにおける損失 P_{SW} は

$$P_{SW} = v_{SW} i_o = 0 \tag{4.5}$$

となる。図(b)のように一定期間 T_{SW} の一部の期間をスイッチ・オンとする

4. 降圧チョッパ回路

ことで，出力電圧 v_o の平均値 $\overline{v_o}$ は

$$\overline{v_o} = \frac{1}{T_{SW}} \int_0^{T_{on}} V_E dt$$
$$= \frac{T_{on}}{T_{SW}} V_E \tag{4.6}$$

となる。ここで，T_{SW} を**スイッチング周期**という。スイッチング周期 T_{SW} に対するスイッチのオン期間 T_{on} の比を変えることで，出力電圧を制御できる。電力変換に伴う**損失は原理的には零**である。

しかし，このままでは出力電圧は大きく変動してしまう。そこで，コンデンサを負荷抵抗 R_L と並列に接続することを考える。**図4.3** はその回路と出力電圧波形例を示す。図はトランジスタ Tr をスイッチとして用い，スイッチング周波数 $f_{SW}(=1/T_{SW})$ を 200〔Hz〕とした例である。トランジスタのスイッチとしての用い方は 4.2 節で述べる。

(a) スイッチング回路

(b) 出力電圧・コンデンサ入力電流波形

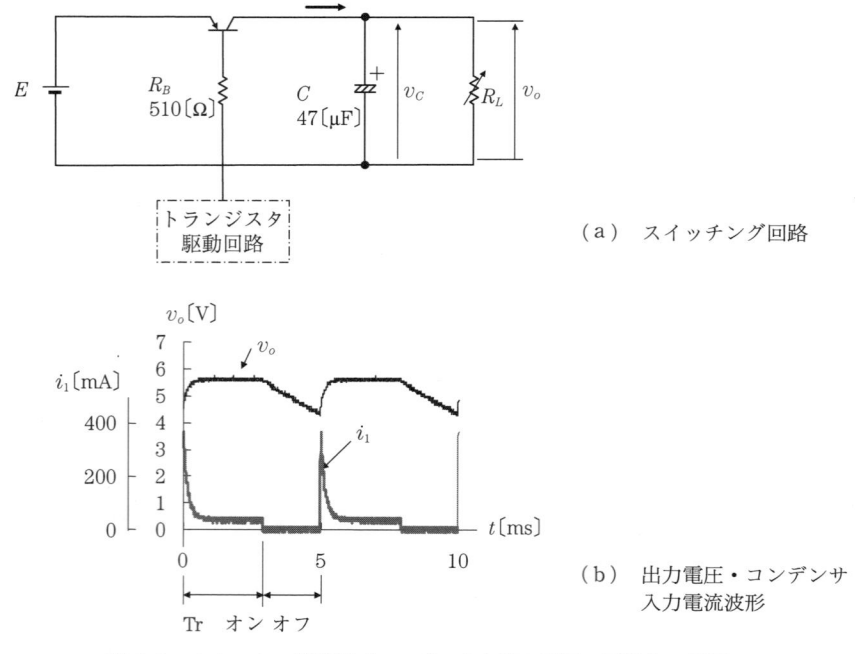

図4.3 スイッチング電源（コンデンサを出力電圧の平滑化に利用）

図では $t = 0, 5, 10, \cdots$ [ms] のタイミングでトランジスタ Tr をオンとし，$t \fallingdotseq 2.5, 7.5, \cdots$ [ms] のタイミングでオフとしている．オン時には電源 V_E よりコンデンサ C および負荷抵抗 R_L に電流 i_1 が流れ込み，オフ時には電流 i_1 は零となっている．コンデンサの両端電圧 v_C はオン時には電源電圧（6 [V]）に近い値に充電され，オフ時には負荷抵抗 R_L を通した放電により電圧が低下している．出力電圧 $v_o (= v_C)$ はコンデンサがない場合と比べれば平滑化されている．しかし，出力電圧 v_o の平均値 $\overline{v_o}$ は式 (4.6) の値からずれてしまっている．また，コンデンサに流れ込む電流 i_1 はインパルス状となっている．これは電解コンデンサの寿命を縮めてしまう．また，スイッチ用のトランジスタは定格電流の大きなものを使用しなければならない．

そこで，図 4.4 に示すようにトランジスタ Tr と電解コンデンサ C の間に，ダイオード D と**インダクタ** L からなる平滑回路を付加する（降圧チョッパ回

(a) 回路図

(b) 出力電圧・インダクタ電流波形

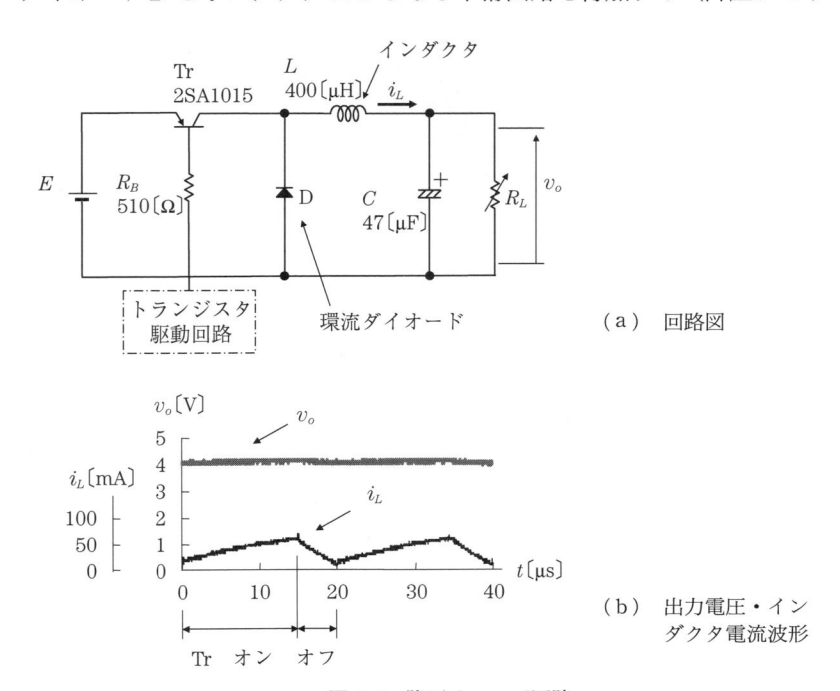

図 4.4 降圧チョッパ回路

路)。図(a)は回路図であり,図(b)は実験波形である。また,スイッチング周波数 $f_{SW} = 50\,[\mathrm{kHz}]$ である。L を流れる電流 i_L はのこぎり歯状の波形となり,出力電圧 v_o は平滑化されている。

図 4.5 に降圧チョッパ回路の具体例を示す。図(a)は実験回路であり,図(b)は立体配線図である。図中のインダクタ(コイル)の例を**図 4.6** に示す。図は 400 [μH] のインダクタである。インダクタは**コイル,リアクトル**とも呼ばれる。ドーナツ形の高周波用の鉄心に巻き線が施されている。下の黒い部分はプラスチック製の台座である。ダイオード D は**環流ダイオード**と呼ばれる。

インダクタと環流ダイオードの働きにより,インダクタに流れる電流は連続となり,その変動は抑えられている。図 4.3 の波形と比べると両者の差は歴然

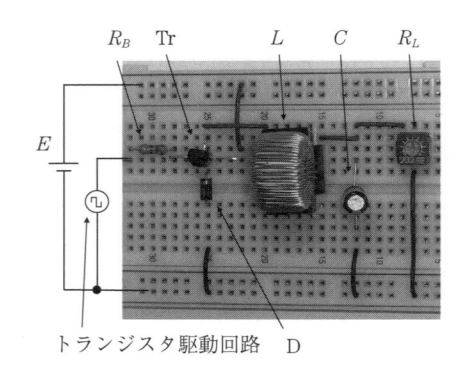

(a) 実験回路

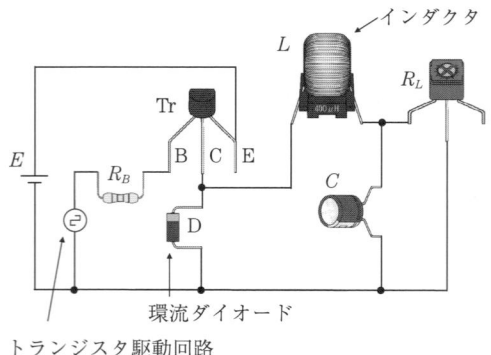

(b) 立体配線図

図 4.5 降圧チョッパ回路の具体例

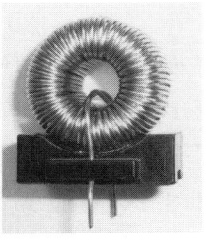

4.1 降圧チョッパ回路の基本構成

(a) 正面　　　(b) 側面

図 4.6　インダクタ（コイル）の例（400 [μH]）

としている。ただし，図 4.3 の回路では，この回路の欠点を際立たせるために，スイッチング周波数を 200 [Hz] と低く設定した。

環流ダイオードにはオン電圧の低い**ショットキーバリヤダイオード**を用いた。**図 4.7** にこのダイオードの特性例を示す。シリコンダイオードのオン電圧は図 1.13 に示したように約 $0.7 \sim 0.8$ [V] である。これに対して，ショットキーバリヤダイオードのオン電圧は 0.3 [V] 程度と低く，ダイオードにおける損失を小さくすることができる（図 4.5 の実験回路に用いたダイオードの最大定格は 40 [V]，1 [A] であった。この電流定格は 4.2 節に述べるトランジスタの最大コレクタ電流 $I_{C\mathrm{MAX}} = 150$ [mA] と比較して余裕がありすぎるが，単に

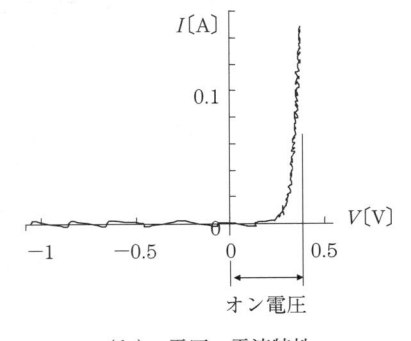

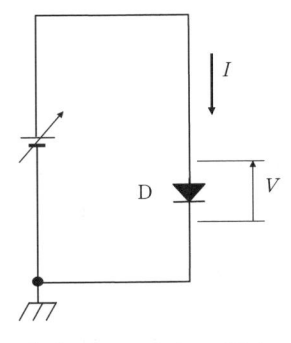

(a) ショットキーバリヤ　　　(b) 電圧・電流特性
　　ダイオードの特性測定

図 4.7　ショットキーバリヤダイオードの特性例

4. 降圧チョッパ回路

名古屋大須のアメ横にて容易に入手できたものを採用した)。

図 4.4 の回路が効率良く出力電圧変動を抑える方式の代表例であり，**降圧チョッパ回路**と呼ばれる。以下この降圧チョッパ回路の原理の詳細を説明する。

4.2　スイッチとしてのトランジスタ

図 4.4 の回路ではトランジスタ Tr をスイッチとして用いている。**図 4.8** にバイポーラトランジスタの例を示す。図は左側が **NPN 型**，右側が **PNP 型**である。PNP 型の電極の配置は図 3.9 の NPN 型と同じであり，写真の左から**エミッタ**(E)，**コレクタ**(C)，**ベース**(B)である。NPN 型の **2SC1815** の最大定格はコレクタ-エミッタ間電圧 $V_{CEO} = 50$ 〔V〕，コレクタ電流 $I_C = 150$ 〔mA〕である。PNP 型の **2SA1015** では $V_{CEO} = -50$ 〔V〕，コレクタ電流 $I_C = -150$ 〔mA〕である。図 4.4 の回路では PNP 型のトランジスタ 2SA1015 を用いている。

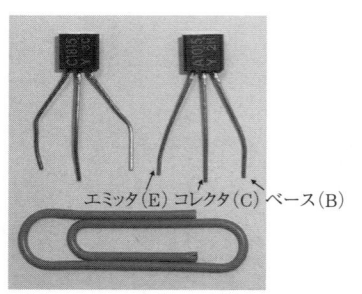

(左：2SC1815 (NPN 型)
右：2SA1015 (PNP 型))

図 4.8　バイポーラトランジスタ

図 4.9 はトランジスタのベース-エミッタ間電圧 v_{BE}，コレクタ-エミッタ間電圧 v_{CE}，そしてベース電流 i_B，コレクタ電流 i_C の向きの定義を示す。電圧

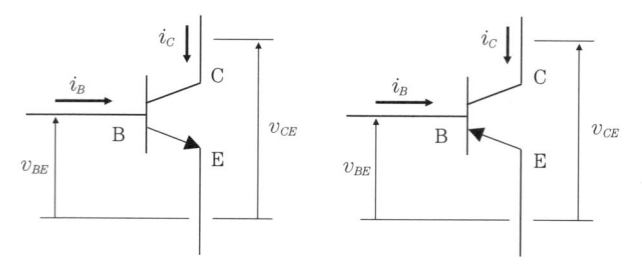

(a)　NPN 型トランジスタ　　(b)　PNP 型トランジスタ

図 4.9　トランジスタの電圧・電流の向きの定義

はエミッタ電極を基準にして，それぞれの電極の電位が高いときを正としている。また，電流は矢印の方向を，すなわちトランジスタに流れ込む方向を正としている。

この定義によると，図 4.10 に示すように PNP 型のベース-エミッタ間電圧 V_{BE}，コレクタ-エミッタ間電圧 V_{CE}，およびベース電流 I_B，コレクタ電流 I_C はいずれも負となる。

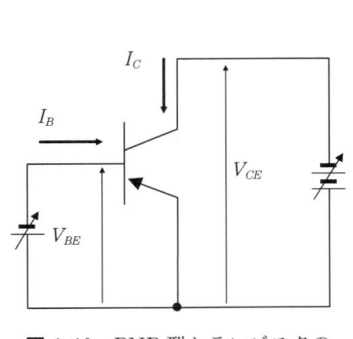

図 4.10 PNP 型トランジスタの電源接続方向

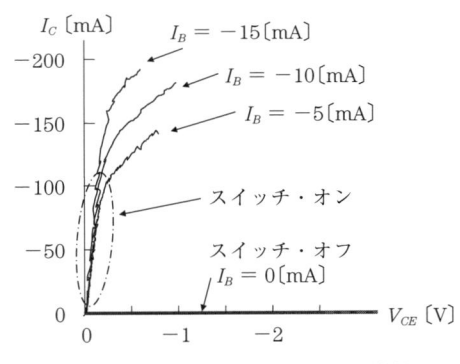

図 4.11 トランジスタの V_{CE}-I_C 特性（実測値）

図 4.11 はベース電流 $I_B = -5, -10, -15 \, [\text{mA}]$ とした場合のコレクタ電流 I_C とコレクタ-エミッタ間電圧 V_{CE} の特性の実験結果である。ベース電流 $I_B = 0 \, [\text{mA}]$ の場合はコレクタ電流 $I_C \fallingdotseq 0 \, [\text{mA}]$ である。また，$I_B = -5, -10, -15 \, [\text{mA}]$ の場合は，コレクタ電流 $I_C = -100 \sim 0 \, [\text{mA}]$ の範囲でコレクタ-エミッタ間電圧 $V_{CE} = -0.2 \sim 0 \, [\text{V}]$ である。

トランジスタは，図中の一点鎖線で囲んだ範囲を**スイッチ・オン**の状態，$I_B = 0 \, [\text{mA}]$ の場合を**スイッチ・オフ**の状態とする**スイッチ**として利用できる。

図 4.4 の例ではスイッチング周期 $T_{SW} = 20 \, [\mu\text{s}]$ でトランジスタ Tr のオン/オフを繰り返している。トランジスタのオン時にはトランジスタの駆動回路より $I_B < -5 \, [\text{mA}]$ のベース電流を供給している。

課題 4.2

図 4.12(a)は図 4.4 のトランジスタ Tr と環流ダイオード D の部分の回路である。この回路の効率を求めよ。

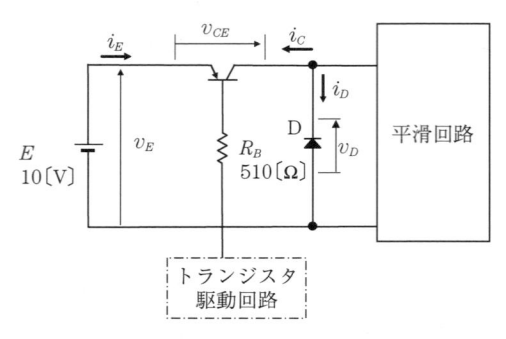

(a) トランジスタによるスイッチング回路

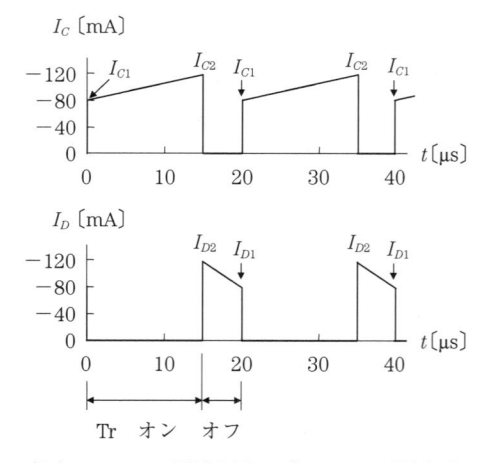

(b) コレクタ電流(上)とダイオード電流(下)

図 4.12 スイッチング回路の損失

簡単のためトランジスタおよびダイオードの損失はオン状態における損失（オン損失）のみを考慮せよ。また，駆動回路の損失は考慮しなくてよい。電源電圧 $V_E = 10$ [V]，トランジスタ Tr オン時のコレクタ-エミッタ間電圧 $v_{CE} = -0.2$ [V]，ダイオード D オン時のダイ

オード両端電圧 $v_D = -0.3$ [V] でそれぞれ一定であるとし，図 (b) に示すようにトランジスタのオン開始時 ($t = 0, 20, 40, \cdots$ [μs]) にてコレクタ電流 $I_{C1} = -80$ [mA]，終了時 ($t = 15, 35, \cdots$ [μs]) にて $I_{C2} = -120$ [mA] とする。また，同時点におけるダイオード電流 $I_{D1} = -80$ [mA]，$I_{D2} = -120$ [mA] とする。なお，コレクタ電流 i_C，ダイオード電流 i_D は直線的に変化するものとする。

[解答] トランジスタのオン損失 P_{TrON} はスイッチング周期を T_{SW}，オン期間を T_{ON} とすると

$$P_{TrON} = \frac{1}{T_{SW}} \int_0^{T_{ON}} v_{CE} \times i_C dt = \frac{T_{ON}}{T_{SW}} v_{CE} \times \frac{I_{C1} + I_{C2}}{2}$$

$$= \frac{15}{20}(-0.2\,[\text{V}]) \times (-100\,[\text{mA}])$$

$$= 15\,[\text{mW}] \tag{4.7}$$

となる。同様にダイオードのオン損失 P_{DON} は

$$P_{DON} = \frac{1}{T_{SW}} \int_{T_{ON}}^{T_{SW}} v_D \times i_D dt = \frac{T_{OFF}}{T_{SW}} v_D \times \frac{I_{D1} + I_{D2}}{2}$$

$$= \frac{5}{20}(-0.3\,[\text{V}]) \times (-100\,[\text{mA}])$$

$$= 7.5\,[\text{mW}] \tag{4.8}$$

となる。トランジスタ駆動回路の損失を考慮しないので，エミッタ電流 $i_E = -i_C$ としてよい。電源 E から供給される電力 P_i は

$$P_i = V_E \times \overline{i_E} = V_E \times \frac{T_{ON}}{T_{SW}} \times \left(-\frac{I_{C1} + I_{C2}}{2}\right)$$

$$= 10\,[\text{V}] \times \frac{3}{4} \times 100\,[\text{mA}]$$

$$= 750\,[\text{mW}] \tag{4.9}$$

となる。よって，この回路の効率 η は

$$\eta = \frac{P_i - P_{TrON} - P_{DON}}{P_{IN}} \times 100 = \frac{750 - 15 - 7.5}{750} \times 100$$

$$= 97\,[\%] \tag{4.10}$$

となる。課題 4.1 の結果と比べると，原理的に降圧チョッパ回路は効率を大きく改善できる。

4.3 降圧チョッパ回路の動作原理

図 4.4 の降圧チョッパ回路におけるトランジスタ Tr のオン/オフ時のそれぞれの等価回路を図 4.13 に示す。トランジスタは模式的にスイッチで示してある。また，R_{e1}，R_{e2} はそれぞれトランジスタのオン時およびオフ時の回路中の抵抗成分である。トランジスタ Tr のオン時には図(a)に示すように電源 E よりトランジスタ Tr，インダクタ L，コンデンサ C を通して電流 i_{LON} が流れる。トランジスタ Tr のオフ時には図(b)に示すように L，C，D を通して電流 i_{LOFF} が流れる。このとき電流 i_{LOFF} を流しているのはインダクタであり，電流はこのインダクタに蓄えられた磁気エネルギーにより**環流**している。ダイオード D は電流を環流させる経路を作るために挿入されたものである。

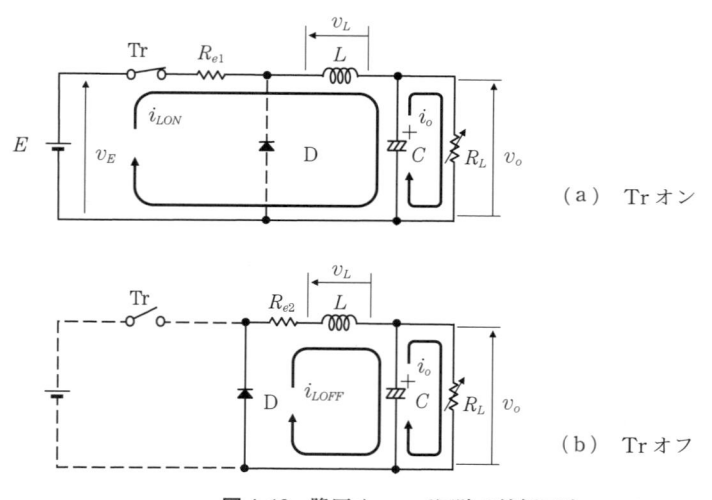

図 4.13 降圧チョッパ回路の等価回路

図 4.14 はインダクタの両端電圧 v_L と電流 i_{LON}，i_{LOFF} の波形を模式的に示す。Tr オンの期間では，インダクタには電源電圧 v_E と出力電圧 v_o の差の電圧 $v_E - v_o$ が印加され，電流 i_{LON} は増加する。このインダクタに蓄えられる磁

4.3 降圧チョッパ回路の動作原理

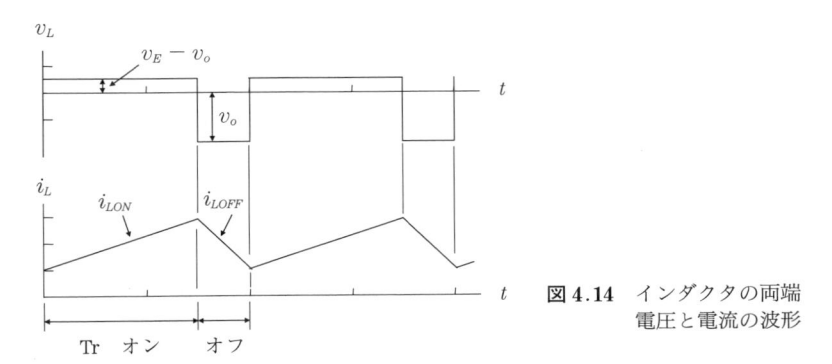

図 4.14 インダクタの両端電圧と電流の波形

気エネルギーは $Li_{LON}^2/2$ であり，電流 i_{LON} の増加とともに増加する．Tr オフの期間では，インダクタの電圧 $v_L = -v_o$ となり，インダクタはこの電圧に逆らって電流 i_{LOFF} を流し続ける．磁気エネルギーの多くはコンデンサの静電エネルギーに変換され，一部は回路中の抵抗で熱として消費される．この磁気エネルギーがなくなるまで電流 i_{LOFF} は流れ続ける．なお，トランジスタのオン・オフ期間を通じてつねにコンデンサ C から負荷抵抗 R_L には出力電流 $i_o = v_o/R_L$ が流れている．

図 4.5 の回路において，トランジスタ Tr のスイッチング周波数 f_{SW} を変えてインダクタに流れる電流を計測した．その結果を**図 4.15** に示す．図(a)は $f_{SW} = 10 \, [\mathrm{kHz}]$ の場合であり，図(b)は $f_{SW} = 50 \, [\mathrm{kHz}]$ の場合である．それぞれインダクタに流れる電流 i_L と出力電圧 v_o を示す．スイッチング周波数により電流波形は大きく変わっているが，出力電圧変動はいずれも小さい．図 4.15(a)ではスイッチング周期（$T_{SW} = 1/f_{SW} = 100 \, [\mu\mathrm{s}]$）が図 4.5 の回路の時定数（約 60 $[\mu\mathrm{s}]$）より長く，電流波形には飽和の傾向が見られる．一方，図(b)ではスイッチング周期（20 $[\mu\mathrm{s}]$）が回路の時定数より短く，電流の変化はほぼ直線的である．

図 4.16 は図 4.13 の回路の負荷側を電圧源 E_o で近似した簡略等価回路である．図(a)の回路において次の微分方程式が成り立つ．

$$L\frac{di_{LON}}{dt} + R_{e1}i_{LON} + V_o = V_E \tag{4.11}$$

4. 降圧チョッパ回路

(a) スイッチング周波数 $f_{sw} = 10\,[\mathrm{kHz}]$

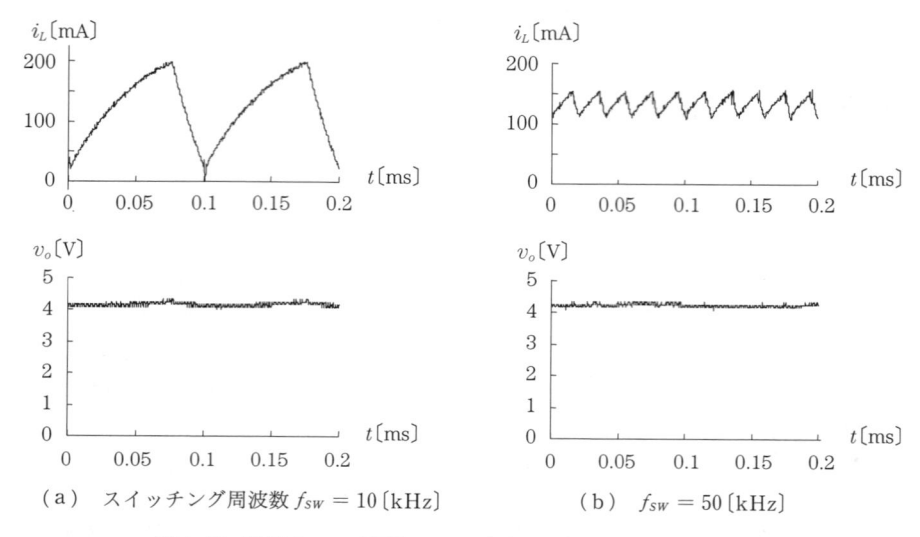

(b) $f_{sw} = 50\,[\mathrm{kHz}]$

図 4.15 降圧チョッパ回路のインダクタに流れる電流と出力電圧
(図 4.5 の降圧チョッパ回路による実験結果)

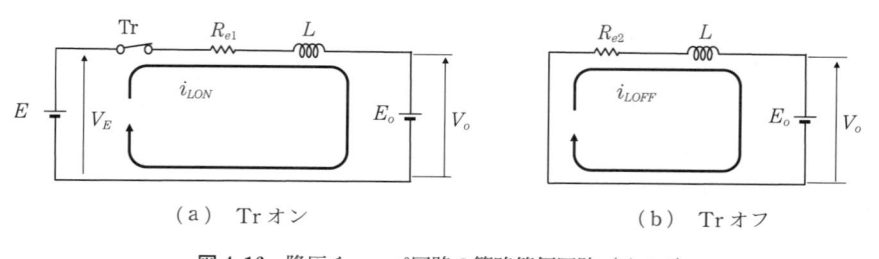

(a) Tr オン

(b) Tr オフ

図 4.16 降圧チョッパ回路の簡略等価回路（その 1）

ただし，V_E，V_o はそれぞれ電源 E および出力側の電圧源 E_o の電圧である．

時刻 $t = 0$ において $i_{LON}(0) = i(0)$，また，記号を簡単にするため $i(t) = i_{LON}(t)$，$R = R_{e1}$ として，この微分方程式をラプラス変換すると

$$sLI(s) - Li(0) + RI(s) + \frac{V_o}{s} = \frac{V_E}{s} \tag{4.12}$$

となる．これより，電流 $i(t)$ は

$$(sL + R)I(s) = \frac{V_E - V_o}{s} + Li(0) \tag{4.13}$$

$$I(s) = \frac{V_E - V_o}{s(sL + R)} + \frac{Li(0)}{sL + R} \tag{4.14}$$

$$i(t) = \alpha + \beta \exp\left(-\frac{R}{L}t\right) \tag{4.15}$$

ただし，$\alpha = sI(s)|_{s=0} = \dfrac{V_E - V_o}{R}$,

$$\beta = \left(s + \frac{R}{L}\right)I(s)|_{s=-R/L} = -\frac{V_E - V_o}{R} + i(0)$$

と求められる。

図4.17 は $V_E = 6\,[\text{V}]$，$V_o = 4.1\,[\text{V}]$，$L = 400\,[\mu\text{H}]$，$i_{LON}(0) = 25\,[\text{mA}]$ として，$0\sim 0.075\,[\text{ms}]$ の期間について式(4.15)より得られた電流波形である。ここで，等価抵抗 R_{e1} は計算結果の波形が図4.15(a)の実験波形と合うように決定した。このとき $R_{e1} = 7\,[\Omega]$ であった。図4.11 のトランジスタ2SA1015 のコレクタ-エミッタ間電圧 V_{CE} 対コレクタ電流 I_C 特性より，コレクタ電流 $I_C = 200\,[\text{mA}]$ 付近ではコレクタ-エミッタ間電圧 V_{CE} は無視できない値となる。等価抵抗にはこの電圧の影響も含まれている。

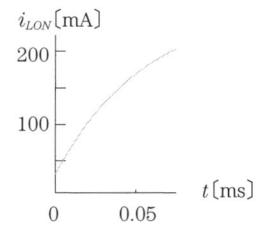

図4.17 電流波形の計算例

課題 4.3

$V_E = 6\,[\text{V}]$，$V_o = 4.2\,[\text{V}]$，$L = 400\,[\mu\text{H}]$，$i_{LON}(0) = 120\,[\text{mA}]$，$R_{e1} = 7\,[\Omega]$ として，$0\sim 0.015\,[\text{ms}]$ の期間の電流波形を求め，図4.15(b)の上昇時の電流波形とほぼ一致することを確認せよ。

解答 図4.18 に計算結果を示す。

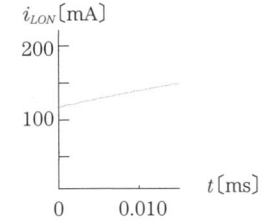

図4.18 電流波形の計算例

課題 4.4

図 4.16 (b) の等価回路について電流 $i_{LOFF}(t)$ に関する微分方程式を求め，時刻 $t=0$ において $i_{LOFF}(0)=i(0)$ として微分方程式を解け。次に $V_E=6\,[\text{V}]$，$V_o=4.1\,[\text{V}]$，$L=400\,[\mu\text{H}]$，$i_{LOFF}(0)=200\,[\text{mA}]$，$R_{e2}=7\,[\Omega]$ として，$0\sim0.025\,[\text{ms}]$ の期間の電流波形を求め，図 4.15 (a) の減少時の電流波形と一致することを確認せよ。

[解答] 時刻 $t=0$ において $i_{LOFF}(0)=i(0)$，また，記号を簡単にするため $i(t)=i_{LOFF}(0)$，$R=R_{e2}$ として，この微分方程式をラプラス変換すると

$$sLI(s)-Li(0)+RI(s)+\frac{V_o}{s}=0 \tag{4.16}$$

となる。これより

$$i(t)=\alpha+\beta\exp\left(-\frac{R}{L}t\right) \tag{4.17}$$

ただし，$\alpha=sI(s)|_{s=0}=\dfrac{-V_o}{R}$，$\beta=\left(s+\dfrac{R}{L}\right)I(s)|_{s=-R/L}=\dfrac{V_o}{R}+i(0)$

と求められる。 ∎

課題 4.5

図 4.4 (a) の回路において，もし環流ダイオード D がなかったら，トランジスタがオフとなる瞬間に，トランジスタのコレクタ-エミッタ間電圧の大きさはどうなるか答えよ。

[解答] 図 4.4 (a) の回路から環流ダイオード D を外した回路を**図 4.19** に示す。図 (b) は実験波形である。スイッチング周波数 $50\,[\text{kHz}]$ とした場合の結果である。図中の $t\fallingdotseq0.008,\,0.028,\,\cdots\,[\text{ms}]$ の時点でトランジスタ Tr がオン状態となり，インダクタ電流 i_L が流れ始めている。また，$t\fallingdotseq0,\,0.02,\,0.04\cdots\,[\text{ms}]$ の時点においてトランジスタはオフ状態へと移行し，インダクタ電流 i_L は急速に減少している。このオフ状態への移行時において，インダクタの両端電圧 v_L は $-50\,[\text{V}]$ を下回る値となっている。トランジスタの両端電圧 v_{Tr} の波形より，このインダクタ電圧はトランジスタの両端に印加されていることがわかる。

インダクタの両端電圧 v_L と電流 i_L の間には，インダクタのインダクタンス

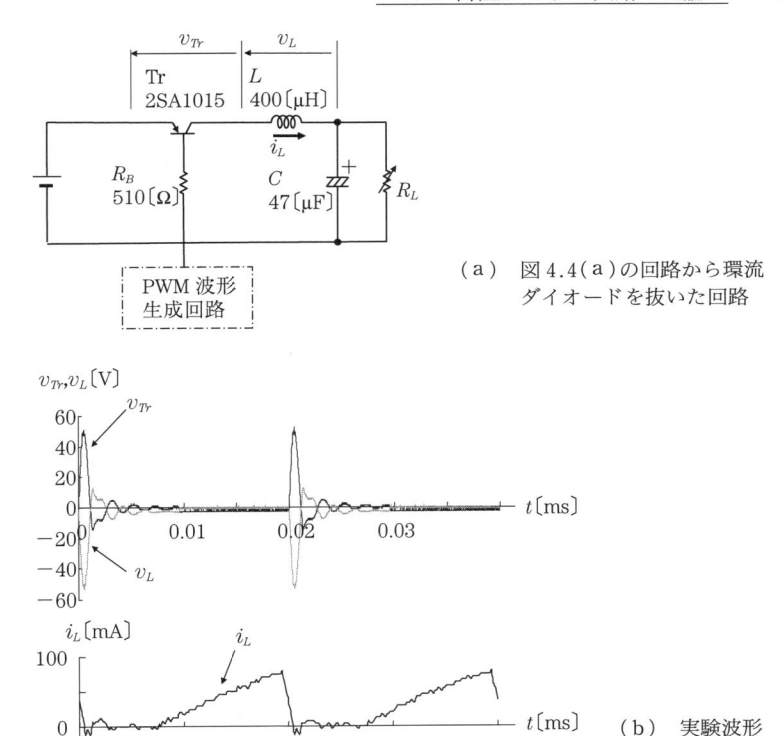

(a) 図 4.4(a) の回路から環流
ダイオードを抜いた回路

(b) 実験波形

図 4.19 降圧チョッパ回路（環流ダイオードなし）

を L とすると

$$v_L = L \frac{di_L}{dt} \tag{4.18}$$

の関係がある。この式からも電流 i_L の急激な変化はインダクタに大きな電圧を発生させることがわかる。　■

4.4　降圧チョッパ回路の理論

図 4.20 は降圧チョッパ回路の簡略等価回路を示す。図 4.16 の等価回路から抵抗成分を省略してある。これらの回路は，スイッチング周期 T_{sw} が回路の時定数 $\tau = L/R_e$ よりも十分に短く，電流波形が直線で近似できる範囲で有

4. 降圧チョッパ回路

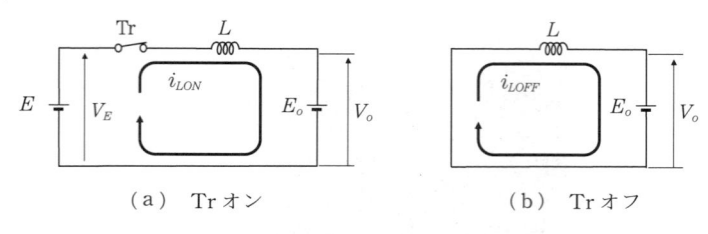

(a) Tr オン

(b) Tr オフ

図 4.20 降圧チョッパ回路の簡略等価回路（その2）

効である。例えば，図 4.15 (b) ではスイッチング周期 $T_{SW} = 1/f_{SW} = 20\,[\mu s]$ であり，回路の時定数 $\tau \fallingdotseq 400\,[\mu H]/7\,[\Omega] \fallingdotseq 60\,[\mu s]$ に対して 1/3 程度の短さである。このときの電流変化は直線に近い。

図 4.21 にインダクタに流れる電流の模式図を再度示す。トランジスタ Tr のオン期間 T_{ON} とスイッチング周期 T_{SW} の比を**通流率（デューティファクタ）**と呼び

$$\delta = \frac{T_{ON}}{T_{SW}} \tag{4.19}$$

と表す。

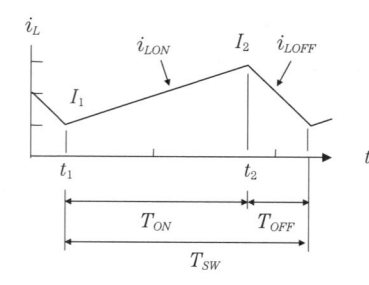

図 4.21 インダクタに流れる電流

図 4.20 (a) のトランジスタ Tr オン時の回路において次の回路方程式が成り立つ。

$$L\frac{di_L}{dt} = V_E - V_o \tag{4.20}$$

トランジスタ Tr のオン開始時刻 t_1 におけるインダクタの電流を I_1 として，この式の両辺を積分すると

4.4 降圧チョッパ回路の理論

$$i_L = \frac{V_E - V_o}{L}(t - t_1) + I_1 \tag{4.21}$$

となる。同様に図 4.20（b）のトランジスタ Tr オフ時の回路において，トランジスタ Tr のオフ開始時刻 t_2 におけるインダクタの電流を I_2 とすると

$$L\frac{di_L}{dt} = -V_o \tag{4.22}$$

$$i_L = \frac{-V_o}{L}(t - t_2) + I_2 \tag{4.23}$$

と得られる。式 (4.21) において $t = t_2$ のとき，$i_L = I_2$ であるので

$$I_2 = \frac{V_E - V_o}{L}(t_2 - t_1) + I_1 = \frac{V_E - V_o}{L}T_{ON} + I_1$$

$$= \frac{V_E - V_o}{L}\delta T_{SW} + I_1$$

$$\varDelta I = I_2 - I_1 = \frac{V_E - V_o}{L}\delta T_{SW} \tag{4.24}$$

となる。ここで，式 (4.23) において $t = T_{SW} + t_1$ のとき，$i_L = I_1$ となればインダクタの電流は同じ波形の繰り返しとなる。

$$I_1 = \frac{-V_o}{L}(t_1 + T_{SW} - t_2) + I_2$$

$$= \frac{-V_o}{L}T_{SW}\left(1 - \frac{t_2 - t_1}{T_{SW}}\right) + I_2 = \frac{-V_o}{L}T_{SW}(1 - \delta) + I_2$$

$$\varDelta I = I_2 - I_1 = \frac{V_o}{L}T_{SW}(1 - \delta) \tag{4.25}$$

よって，式 (4.24)，(4.25) より

$$\frac{V_E - V_o}{L}\delta T_{SW} = \frac{V_o}{L}T_{SW}(1 - \delta)$$

$$V_o = \delta V_E \tag{4.26}$$

と，電源電圧 V_E と出力電圧 V_o の関係が得られる。通流率 δ は $0 \leqq \delta \leqq 1$ であるので，このチョッパ回路の出力電圧は電源電圧以下の値となる。電圧を下げるチョッパであるので**降圧チョッパ**と呼ばれる。

図 4.13 の回路において出力電流 i_o は,出力電圧 v_o がほぼ平滑化されているとして

$$\overline{i_o} = I_o = \frac{V_o}{R_L} \tag{4.27}$$

となる。コンデンサの損失を無視しているので,この値はインダクタを流れる電流 i_L の平均値に等しい。

$$\overline{i_L} = \frac{I_2 - I_1}{2} = \frac{V_o}{R_L} = \delta \frac{V_E}{R_L} \tag{4.28}$$

電源 E からチョッパ回路への入力電流を i_i とすると,これはトランジスタ Tr がオンの期間にインダクタを流れる電流 i_{LON} に等しく,この平均値は

$$\overline{i_i} = \delta \overline{i_L} = \delta^2 \frac{V_E}{R_L} \tag{4.29}$$

となる。

4.5 PWM 制御法

図 4.4 の降圧チョッパ回路の出力電圧平均値 V_o は,式 (4.26) の通流率 δ と電源電圧 V_E の関係より

$$V_o = \delta V_E$$

であった。トランジスタの通流率 δ を変えることでチョッパ回路の出力電圧を制御できる。この通流率 δ を変える制御法に **PWM**(pulse width modulation, **パルス幅変調**)制御法がある。**図 4.22** は PWM 制御法を示す。

指令電圧 v_{ref} と三角波電圧 v_{tri} を比較し,その大小関係に応じてトランジスタのオン/オフを以下のように決める。

$$\begin{aligned} v_{ref} &\geqq v_{tri} \text{ のとき} \quad \text{Tr オン} \\ v_{ref} &< v_{tri} \text{ のとき} \quad \text{Tr オフ} \end{aligned} \tag{4.30}$$

図(a)は指令電圧が高い場合であり,図(b)は指令電圧が低い場合である。各図の下の図はトランジスタのオン/オフ期間を表している。指令電圧が高い場

4.5 PWM 制御法

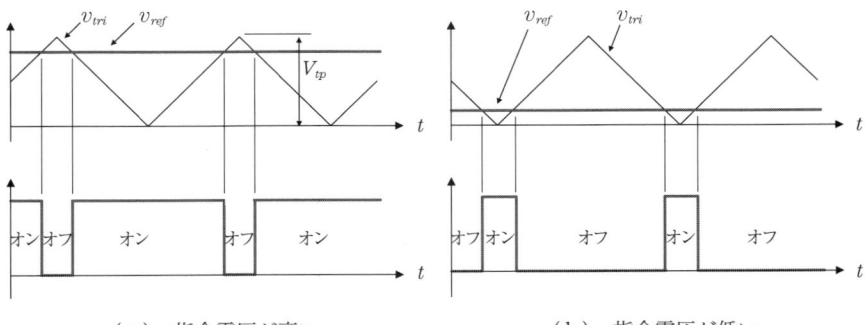

(a) 指令電圧が高い　　　(b) 指令電圧が低い

図 4.22 PWM 制御法

合はオン期間がオフ期間より長くなり，低い場合はオン期間が短くなっている。三角波電圧のピーク値を V_{tp} とすると，$v_{ref}=0$ のとき $\delta=0$ であり，$v_{ref}=V_{tp}$ のとき $\delta=1$ である。δ は v_{ref} とともに直線的に変化するので

$$\delta = \frac{v_{ref}}{V_{tp}} \tag{4.31}$$

となる。指令電圧 v_{ref} を変えることで通流率 δ（パルス幅）を制御できる。この制御法はパルス幅制御（pulse width control）法と呼ぶこともできる。PWM の modulation の名前の由来は 10.4 節において述べる。チョッパ回路の出力電圧平均値 V_o は，式(4.26)に式(4.31)を代入することで

$$V_o = \frac{v_{ref}}{V_{tp}} V_E \tag{4.32}$$

となり，v_{ref} に比例する。

> **課題 4.6**
>
> 図 4.23 に示すように三角波電圧 v_{tri} の零電位を変更し，三角波が正負対称となるようにした。これに伴い三角波電圧のピーク値 V_{tp} を図示のように零電位から頂点までの値と定義し直した。このときのチョッパ回路の出力電圧平均値 V_o と指令電圧 v_{ref} との関係を求めよ。

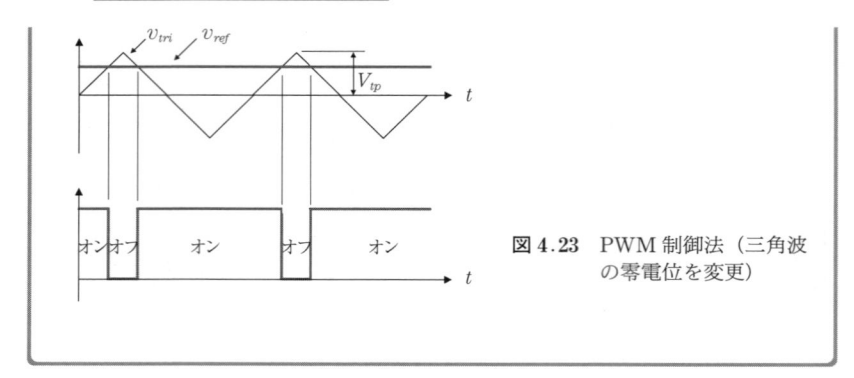

4. 降圧チョッパ回路

図 4.23 PWM 制御法（三角波の零電位を変更）

[解答] 三角波電圧のピーク値を V_{tp} とすると，$v_{ref} = -V_{tp}$ のとき $\delta = 0$ であり，$v_{ref} = V_{tp}$ のとき $\delta = 1$ である．δ は v_{ref} とともに直線的に変化するので

$$\delta = \frac{1}{2}\left(\frac{v_{ref}}{V_{tp}} + 1\right) \tag{4.33}$$

となる．チョッパ回路の出力電圧平均値 V_o は

$$V_o = \frac{1}{2}\left(\frac{v_{ref}}{V_{tp}} + 1\right) V_E \tag{4.34}$$

となる． ■

図 4.4 の降圧チョッパ回路の PWM 制御回路の例を**図 4.24** に示す．PWM 制御回路の中の比較回路は，式 (4.30) の関係を実現するようなトランジスタ駆動電圧を出力する．この比較回路をオペアンプで構成した例を**図 4.25** に示す．

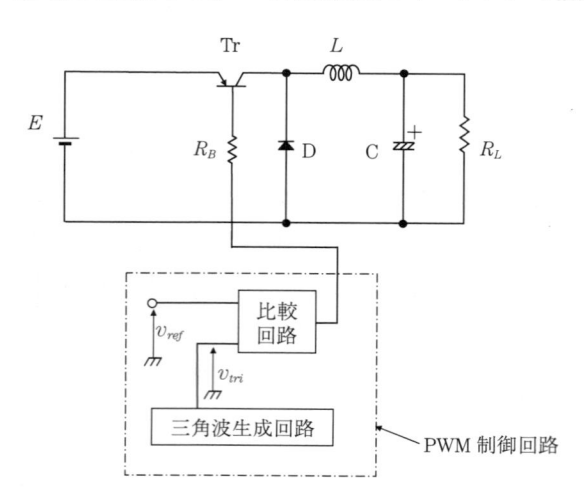

図 4.24 降圧チョッパ回路と PWM 制御回路

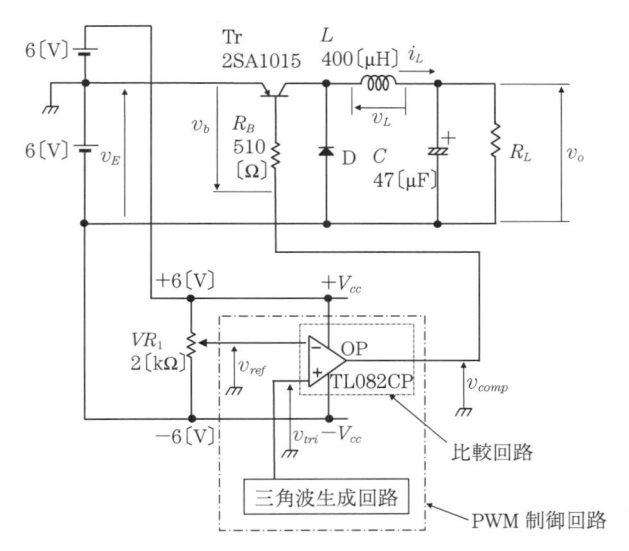

図 4.25 降圧チョッパ回路とオペアンプによる PWM 制御回路

図中にはオペアンプの電源 $\pm V_{cc}$ の配線も記入してある。

この回路では降圧チョッパ回路の電源のプラス側をグラウンド電位としている。これによりオペアンプ OP の出力電圧 v_{comp} はトランジスタのベース駆動電圧 v_b と等しくなり，図 4.28(b) の最上段の実験波形に示すように，トランジスタ Tr をオン/オフするに十分な $-/+$ の値とすることができる。図 4.26

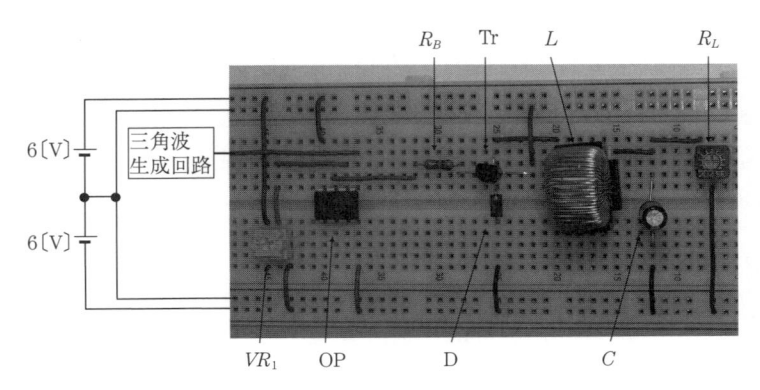

図 4.26 降圧チョッパ回路とオペアンプによる PWM 制御回路の実験回路

4. 降圧チョッパ回路

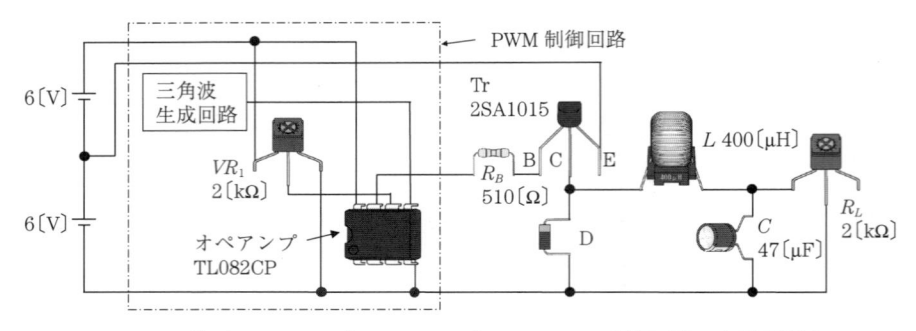

図4.27 降圧チョッパ回路とオペアンプによるPWM制御回路の立体配線図

はブレッドボード上に構築した実際の回路例であり，**図4.27**はその立体配線図である。オペアンプによるPWM制御回路は6.1節に述べる。

> **課題 4.7**
>
> 通流率 $\delta = 2/3$ のときの降圧チョッパ回路の指令電圧 v_{ref}，トランジスタ駆動電圧 v_b，インダクタ電圧 v_L，インダクタ電流 i_L，出力電圧 v_o の各波形を求めよ。ただし，電源電圧 $V_E = 6\,[\mathrm{V}]$，三角波電圧のピーク値 $V_{tp} = 6\,[\mathrm{v}]$，負荷抵抗 $R_L = 100\,[\Omega]$，インダクタのインダクタンス $L = 400\,[\mathrm{\mu H}]$，スイッチング周期 $T_{sw} = 20\,[\mathrm{\mu s}]$（スイッチング周波数 $f_{sw} = 50\,[\mathrm{kHz}]$）とする。

[解答] 指令電圧 v_{ref} は，式(4.33)より

$$v_{ref} = (2\delta - 1)V_{tp} = \left(2 \times \frac{2}{3} - 1\right) \times 6 = 2\,[\mathrm{V}]$$

となる。出力電圧の平均値 $\overline{v_o}$ は，式(4.26)より

$$\overline{v_o} = \delta V_E = \frac{2}{3} \times 6 = 4\,[\mathrm{V}]$$

となる。インダクタ電流の平均値 $\overline{i_L}$ は，式(4.28)より

$$\overline{i_L} = \delta \frac{V_E}{R_L} = \frac{2}{3} \times \frac{6}{100} = 40\,[\mathrm{mA}]$$

となる。トランジスタ Tr がオンのときインダクタの両端電圧 v_L は，出力電圧 v_o がほぼ一定であるとして

$$v_L \fallingdotseq V_E - \overline{v_o} = 6 - 4 = 2\,[\mathrm{V}]$$

となる。同様にして，トランジスタ Tr がオフのとき

$$v_L \fallingdotseq -\overline{v_o} \fallingdotseq -4\,[\mathrm{V}]$$

である。インダクタ電流の変化分 $\varDelta I_L$ は式(4.24)より

$$\varDelta I_L = \frac{V_E - V_o}{L}\delta T_{SW} \fallingdotseq \frac{6-4}{400\times 10^{-6}} \times \frac{2}{3} \times 20 \times 10^{-6} = 67\,[\mathrm{mA}]$$

となる。

　図 4.28(a)は得られた値を基に描いた各部の波形である。図(b)は図 4.26 の実験回路による実験波形である。両者の波形はほぼ一致している。実験波形ではトランジスタ駆動電圧 v_b の変化は指令電圧 v_{ref} と三角波電圧 v_{tri} の交点よりも数 μs 遅れている。これはオペアンプの応答遅れによる。また，インダクタの電流変化分 $\varDelta I_L$ が実験結果において少し小さいが，これはインダクタの実際のインダクタンスが定格より大きめであること，インダクタ電流 I_L が直線ではなく飽和の傾向が少し見られることが主な原因として挙げられる。

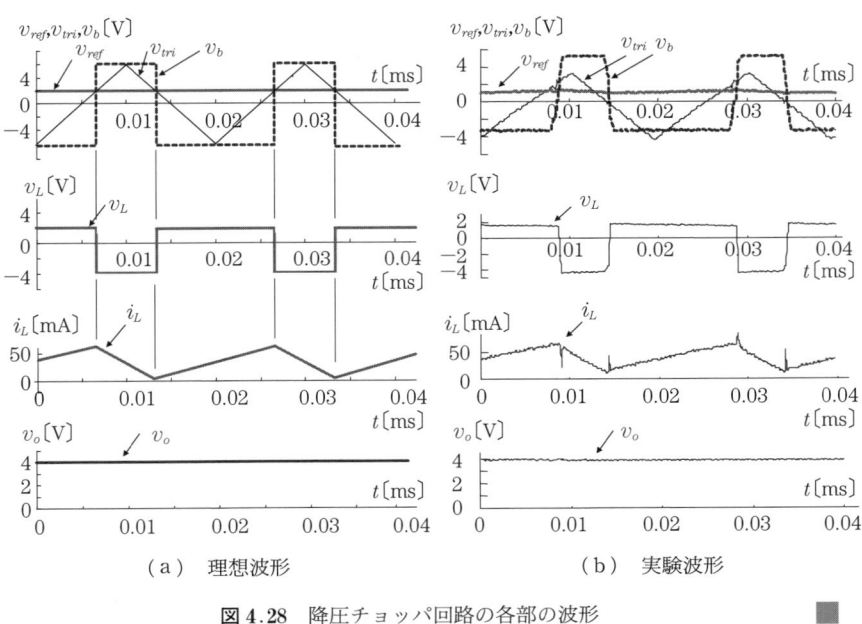

(a) 理想波形　　　　　　　(b) 実験波形

図 4.28 降圧チョッパ回路の各部の波形

4.6　PWM 制御法による出力電圧制御

　さて，本章のそもそもの目的は**効率の良い出力電圧変動抑制法**を得ることで

4. 降圧チョッパ回路

あった。降圧チョッパ回路により，高効率の直流電圧変換が可能であり，PWM 制御法により出力電圧制御が可能である。

図 4.29 は降圧チョッパ回路に出力電圧制御回路を付加した回路である。降圧チョッパ回路の電源電圧 v_1 は，商用周波数の交流電圧を半波整流，平滑して得ている。出力電圧制御回路は PI 制御回路と PWM 制御回路からなる。降圧チョッパ回路の出力電圧 v_o を可変抵抗器 VR_2 により検出し，その検出電圧 v_{odet} と出力電圧指令値 $-v_{oref}$ を PI 制御回路の入力としている。PI 制御回路は，$-v_{oref}$ と v_{odet} の和が零となる（v_{oref} と v_{odet} が等しくなる）ように PWM 制御回路への指令電圧 v_{ref} を生成する。PI 制御回路の原理は 7.5 節に述べる。

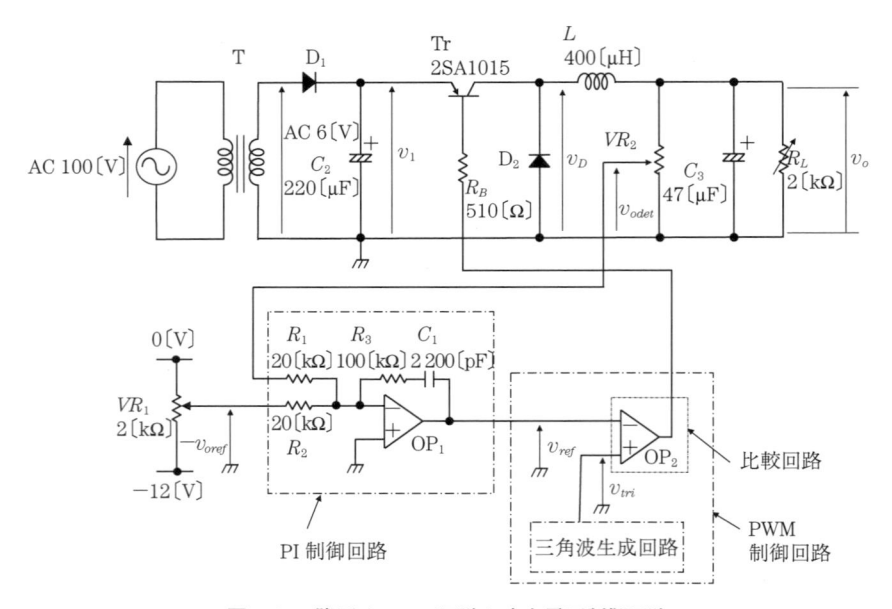

図 4.29 降圧チョッパ回路と出力電圧制御回路

図 4.30 に実験回路を示す。2 枚のブレッドボードをつないである。立体配線図を**図 4.31** に示す。ダイオード D_1 は図 1.11 の整流用ダイオードである。一方，環流ダイオード D_2 は図 4.7 の特性を持つショットキーバリヤダイオー

4.6 PWM制御法による出力電圧制御

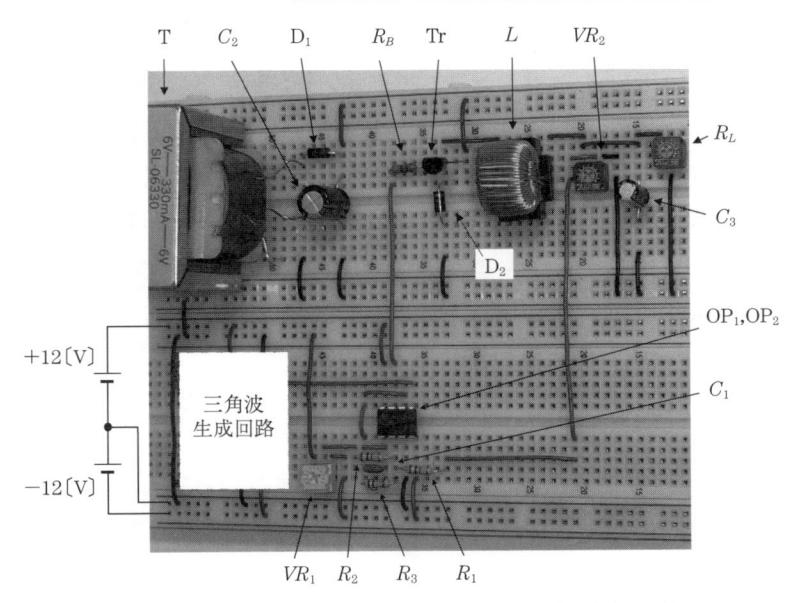

図 4.30 降圧チョッパ回路と出力電圧制御回路（実験回路）

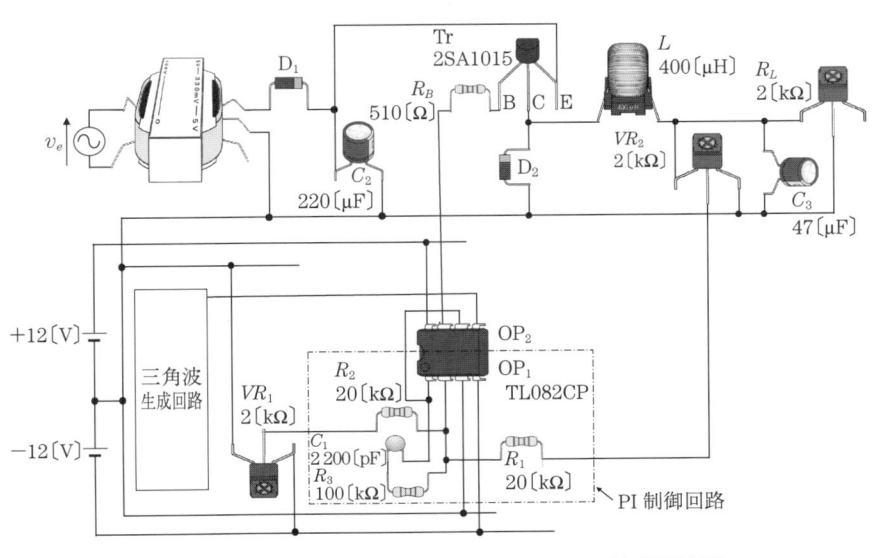

図 4.31 降圧チョッパ回路と出力電圧制御回路（立体配線図）

ドである。PI 制御回路には**コンデンサ**が使われている。

実験では図 **4.32** に示す**積層セラミックコンデンサ**を用いている。このタイプのコンデンサは小型でありながら電解コンデンサに近い静電容量のものが作れ，しかも電解コンデンサより周波数特性などが良いため，電子回路に多用されている。刻印された数値 222 は $22 \times 10^2 = 2\,200\,[\mathrm{pF}]$ を意味する。なお，この回路ではオペアンプ OP_2 によりトランジスタ Tr を駆動できるようにするために，オペアンプの電源電圧を $\pm 12\,[\mathrm{V}]$ としている。

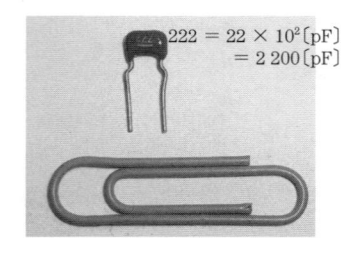

図 4.32 積層セラミックコンデンサ

図 4.29 の整流回路の出力電圧 v_1，チョッパ回路の出力電圧 v_o およびダイオードの両端電圧 v_D の実験波形を得た。**図 4.33，図 4.34** にその結果を示す。図 4.33(a) は出力電圧フィードバック制御がある場合の結果である。図(b) は，フィードバック制御がない場合の結果である。ここで，フィードバック制御なしとするには，PI 制御回路の出力を切断して，出力電圧指令値 v_{oref} を直接比較回路の入力とし，また，可変抵抗器 VR_1 の $0\,[\mathrm{V}]$ 側端子を $+12\,[\mathrm{V}]$ のオペアンプ用電源に接続すればよい。このとき，$v_{oref} = v_{ref}$ となる。

電圧 v_1 は大きな脈動成分を含んでいる。図 4.33(a) では出力電圧フィードバック制御により，出力電圧 v_o は一定となっている。図(b) のフィードバック制御なしの場合には，v_1 の脈動成分はそのまま出力側に現れている。図 4.34 は環流ダイオード D_2 の両端電圧 v_D の波形を示す。図(a) は図 4.33 の①の時点の波形であり，図(b) は②の時点の波形である。いずれも時間軸をほぼ 500 倍に拡大してある。この実験においてスイッチング周波数 $f_{SW} = 50\,[\mathrm{kHz}]$ であった。トランジスタ Tr がオンのとき，図 4.34(a) において $v_D \fallingdotseq 8.2\,[\mathrm{V}]$ であり，図(b) においては $v_D \fallingdotseq 5.6\,[\mathrm{V}]$ であった。いずれも v_D には v_1 から

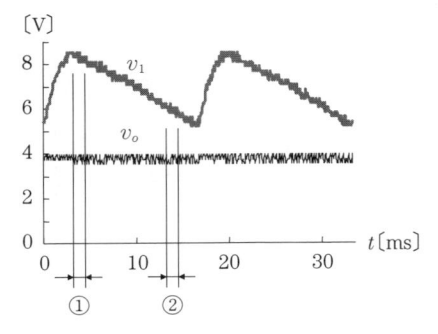

4.6 PWM制御法による出力電圧制御

(a) フィードバック制御あり

(b) フィードバック制御なし

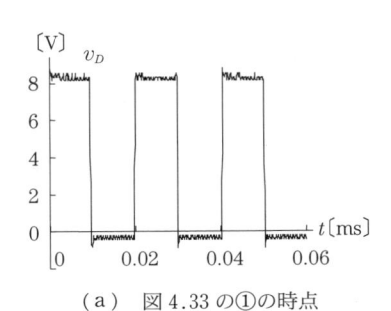

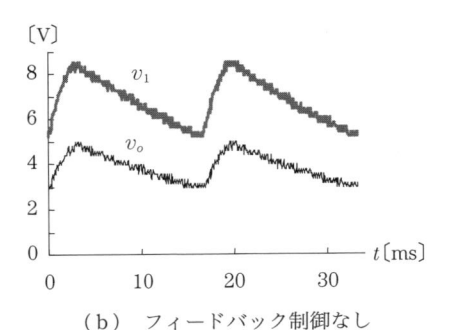

図 4.33 降圧チョッパ回路の出力電圧制御

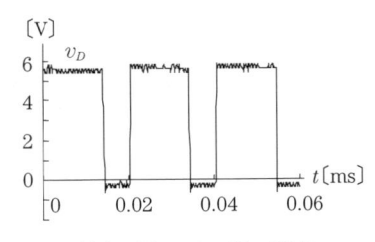

(a) 図 4.33 の①の時点

(b) 図 4.33 の②の時点

図 4.34 降圧チョッパ回路のダイオード両端電圧

トランジスタ Tr による電圧降下を引いた値が現れている。また，Tr がオフのとき降圧チョッパ回路は図 4.13(b) の状態にあり，ダイオードの両端にはダイオードのオン電圧（$v_D ≒ -0.2 \mathrm{[V]}$）が現れている。図 4.34(a) においてトランジスタ Tr の通流率 $\delta ≒ 0.5$ であり，図 (b) においては $\delta ≒ 0.75$ であった。出力電圧フィードバック制御は，電源電圧 v_1 が高いときには通流率 δ を小さくし，v_1 が低いときには δ を大きくすることで，ダイオードの両端電圧 v_D の平均値を同じにしている。結果として，降圧チョッパ回路の出力電圧 v_o は一定に制御されている。

5

昇圧チョッパ回路/昇降圧チョッパ回路

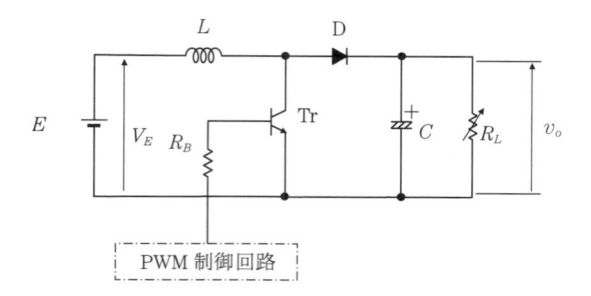

5.1 昇圧チョッパ回路の動作原理

降圧チョッパ回路により高効率な出力電圧変動抑制を実現できた。しかし

降圧チョッパ回路は電源電圧より高い電圧を出力できない

という制約がある。そこで，電源電圧より高い電圧を出力できる工夫を示す。

チョッパ回路ではインダクタの利用法が重要である。降圧チョッパ回路では図 4.13(b)に示したように，トランジスタ Tr のオフ時はインダクタが出力側の電圧に逆らって電流を流し続けていた。このインダクタの性質を用いれば，電源電圧より高い電圧を出力することも可能となる。

図 5.1 は昇圧チョッパ回路の構成を示す。これは図 4.4 の降圧チョッパ回路のトランジスタ Tr，インダクタ L，ダイオード D を入れ替えたものである。ただし，Tr は NPN 型に変更した。電源電圧 V_E と出力電圧 v_o の関係は V_E

図 5.1 昇圧チョッパ回路

5.1 昇圧チョッパ回路の動作原理

$\leq v_o$ である。この回路はトランジスタ Tr オン時にインダクタ L に磁気エネルギーを蓄え，オフ時に電源電圧よりも高い電圧の出力側にエネルギーを送り込む。

図 5.2 に昇圧チョッパ回路の動作原理を示す。図(a)はトランジスタ Tr がオンのときであり，図(b)はオフのときである。Tr がオンのときトランジスタのコレクタ-エミッタ間電圧 v_{CE} は 0.2 [V] 程度と小さいので，インダクタ L の両端電圧 v_L は

$$v_L \fallingdotseq V_E \tag{5.1}$$

となる。

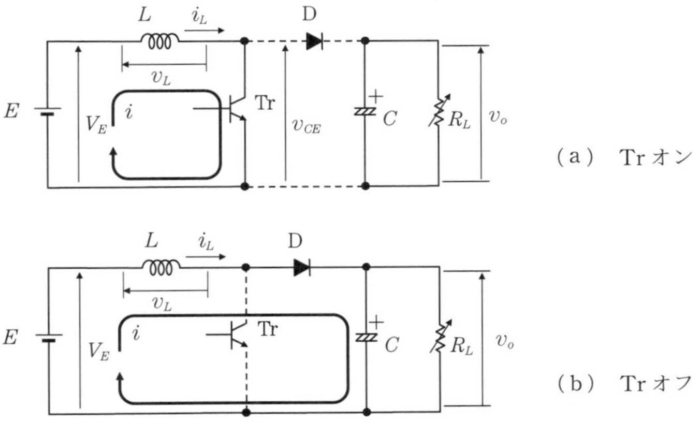

(a) Tr オン

(b) Tr オフ

図 5.2 昇圧チョッパ回路の動作原理

また，ダイオード D は出力電圧 v_o により逆方向に電圧が印加されることで，非導通となる。電流 i は電源 $E \to$ インダクタ $L \to$ トランジスタ Tr の経路を流れる。このときインダクタ電流 i_L は増加し，インダクタに蓄えられる磁気エネルギーも増加する。トランジスタ Tr オフ時には，図 5.2(b) に示すように電流 i は $E \to L \to D \to C$ の経路を流れる。このとき $V_E \leq v_o$ であっても，インダクタの磁気エネルギーにより，インダクタの両端には

$$v_L = V_E - v_o \tag{5.2}$$

の負の電圧（出力電圧 v_o と電源電圧 V_E の差の電圧に対抗する電圧）が発生

し，電流 i は流れ続けることができる．インダクタ L の磁気エネルギーはコンデンサ C の静電エネルギーに変換される．

図 5.3 は昇圧チョッパ回路の PWM 制御回路をオペアンプ OP により構成した例を示す．指令電圧 v_{ref} と三角波電圧 v_{tri} を比較し，その大小関係に応じてトランジスタ Tr を以下のとおりオン/オフする回路である．

$$v_{ref} \geqq v_{tri} \text{ のとき } \text{Tr オン}$$
$$v_{ref} < v_{tri} \text{ のとき } \text{Tr オフ} \tag{5.3}$$

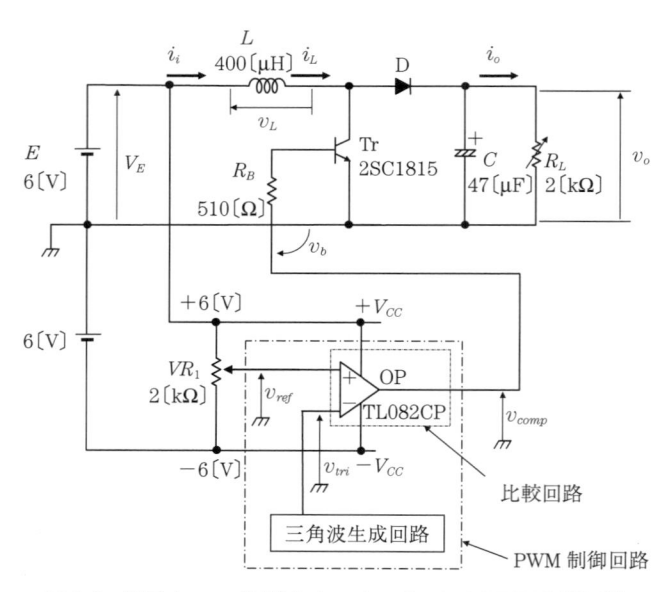

図 5.3 昇圧チョッパ回路とオペアンプによる PWM 制御回路

NPN 型のトランジスタを式(5.3)のとおりにオン/オフとするためには，トランジスタの駆動電圧 v_b をそれぞれ正/負とすればよい．図 5.3 の比較回路では，図 4.25 の回路に対して，オペアンプ OP の入力端子の極性を反転してある．これにより，$v_{ref} \geqq v_{tri}$ のときオペアンプの出力電圧 $v_{comp} \fallingdotseq +V_{CC}$ となり，$v_{ref} < v_{tri}$ のとき $v_{comp} \fallingdotseq -V_{CC}$ となる．なお，$v_{comp} = v_b$ である（オペアンプは 6.1 節に述べる）．

図 5.4 は昇圧チョッパ回路の具体例である．図(a)はブレッドボード上に構

5.1 昇圧チョッパ回路の動作原理

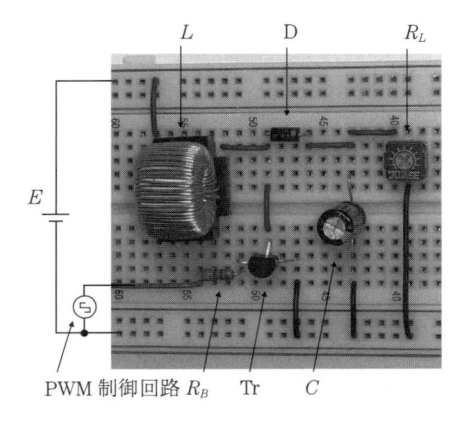

(a) 実験回路

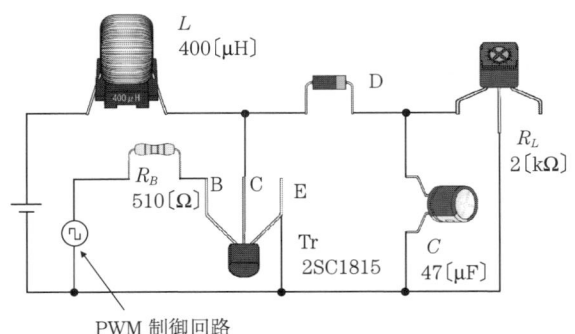

(b) 立体配線図

図 5.4 昇圧チョッパ回路の具体例

築した実験回路であり，図(b)は立体配線図である。PWM 制御回路は省略してある。

図 5.5 は昇圧チョッパ回路の各部の波形例である。図(a)は理想的な回路の波形であり，図(b)は図 5.4 の実験回路による波形である。それぞれ上から指令電圧 v_{ref}，三角波電圧 v_{tri}，PWM 制御回路のコンパレータ出力電圧 v_{comp}，インダクタの両端電圧 v_L，インダクタ電流 i_L，出力電圧 v_o である。通流率 $\delta = 0.75$，電源電圧 $V_E = 6\,[\mathrm{V}]$，スイッチング周波数 $f_{sw} = 50\,[\mathrm{kHz}]$ の場合である。**出力電圧 v_o は電源電圧より高い値が得られている**。理想波形と実験波形は，降圧チョッパの例と同様に v_{ocop} に応答遅れが見られ，i_L の変化幅が小さいが，おおむね合っている。

68   5. 昇圧チョッパ回路/昇降圧チョッパ回路

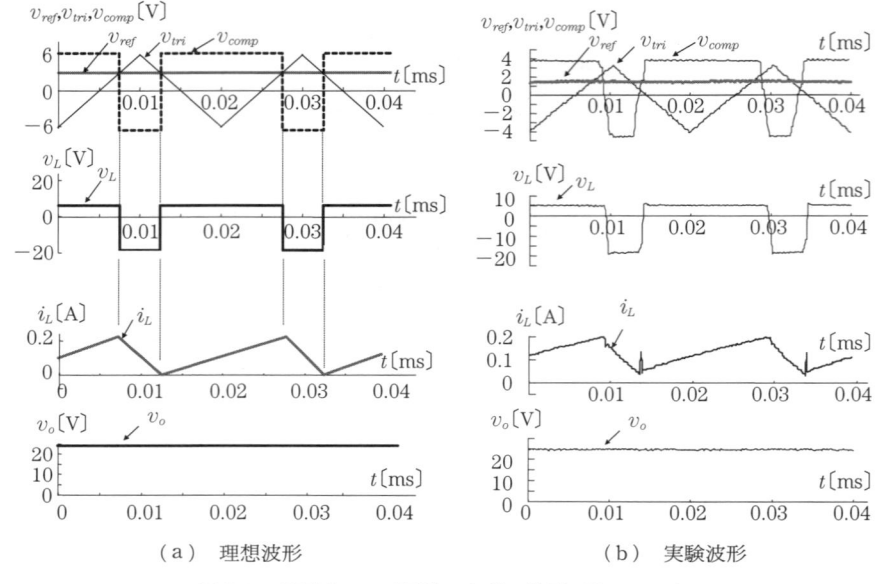

(a) 理想波形 　　　　　　　　(b) 実験波形

図 5.5 昇圧チョッパ回路の各部の波形（$\delta = 0.75$）

5.2 昇圧チョッパ回路の理論

図 5.6 は昇圧チョッパ回路の簡略等価回路である．トランジスタ T_r はスイッチで模擬し，回路の抵抗分は無視し，出力側は電圧源 V_o で近似している．**図 5.7** はインダクタに流れる電流 i_L の模式図である．時刻 t_1 からトランジスタ T_r がオンし，t_2 からオフしている．時刻 t_1 におけるインダクタ電流を I_1,

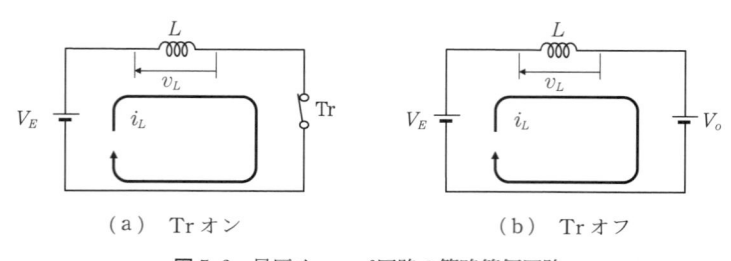

(a) Tr オン 　　　　　　　　(b) Tr オフ

図 5.6 昇圧チョッパ回路の簡略等価回路

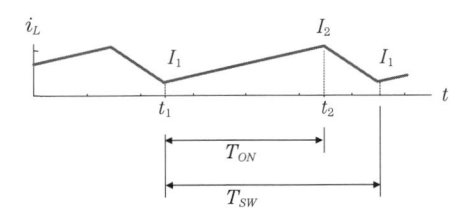

図 5.7 インダクタに流れる電流

t_2 における電流を I_2 とする。また，スイッチング周期を T_{SW}，トランジスタのオン期間を T_{ON} とする。

$t_1 \leqq t \leqq t_2$ において以下の式が成立する。

$$i_L = \frac{1}{L}\int_{t_1}^{t} v_L dt + I_1 = \frac{V_E}{L}(t - t_1) + I_1$$

$$I_2 = \frac{V_E}{L}(t_2 - t_1) + I_1 = \frac{V_E}{L}T_{ON} + I_1 = \frac{V_E}{L}\delta T_{SW} + I_1 \tag{5.4}$$

$t_2 \leqq t \leqq T_{SW} + t_1$ においては

$$i_L = \frac{1}{L}\int_{t_2}^{t} v_L dt + I_2 = \frac{V_E - V_o}{L}(t - t_2) + I_2$$

$$I_1 = \frac{V_E - V_o}{L}(T_{SW} - t_2 + t_1) + I_2 = \frac{V_E - V_o}{L}T_{SW}\left(1 - \frac{T_{ON}}{T_{SW}}\right) + I_2$$

$$= \frac{V_E - V_o}{L}T_{SW}(1 - \delta) + I_2 \tag{5.5}$$

となる。式(5.4)，(5.5)より

$$\Delta I_L = I_2 - I_1 = \frac{V_E}{L}\delta T_{SW} \tag{5.6}$$

$$\Delta I_L = I_2 - I_1 = -\frac{V_E - V_o}{L}T_{SW}(1 - \delta) \tag{5.7}$$

が得られ，両者が等しいとおいて，出力電圧 V_o は

$$V_o = \frac{1}{1 - \delta}V_E \tag{5.8}$$

と求められる。通流率 δ は $0 \leqq \delta < 1$ であるので，このチョッパ回路の出力電圧は電源電圧以上の値となる。この回路は出力電圧を電源電圧よりも上げるチョッパであるので**昇圧チョッパ**と呼ばれる。

図 5.3 の回路において出力電流 i_o の平均値は

$$\overline{i_o} = I_o = \frac{V_o}{R_L} \tag{5.9}$$

となる。出力側に電流が流れる期間は通流率を用いて $(1-\delta)T_{sw}$ と表される。したがって，出力電流の平均値はインダクタを流れる電流 i_L の平均値の $1-\delta$ 倍となる。

$$\overline{i_L} = \frac{1}{1-\delta}\overline{i_o} = \frac{1}{1-\delta} \cdot \frac{V_o}{R_L} \tag{5.10}$$

図 5.3 において電源 E からチョッパ回路への入力電流を i_i とすると $i_i = i_L$ であり，式(5.8)より

$$\overline{i_i} = \frac{1}{(1-\delta)^2} \cdot \frac{V_E}{R_L} \tag{5.11}$$

となる。

課題 5.1

図 5.3 の昇圧チョッパ回路において，通流率 $\delta = 0.75$ のときの出力電圧 v_o の平均値，インダクタ電流 i_L の変化分 ΔI_L，入力電流 i_i の平均値を求めよ。ただし，電源電圧 $V_E = 6$ 〔V〕，負荷抵抗 $R_L = 1.1$ 〔kΩ〕，インダクタのインダクタンス $L = 400$ 〔μH〕，スイッチング周期 $T_{sw} = 20$ 〔μs〕（スイッチング周波数 $f_{sw} = 50$ 〔kHz〕）とする。

解答 出力電圧の平均値 $\overline{v_o}$ は，式(5.8)より

$$\overline{v_o} = \frac{1}{1-\delta}V_E = \frac{1}{0.25} \times 6 = 24 \,\text{〔V〕}$$

インダクタ電流の平均値 $\overline{i_L}$ は，式(5.11)より

$$\overline{i_L} = \frac{1}{(1-\delta)^2} \cdot \frac{V_E}{R_L} = \frac{1}{(1-0.75)^2} \times \frac{6}{1100} = 87 \,\text{〔mA〕}$$

である。インダクタ電流の変化分 ΔI_L は式(5.7)より

$$\Delta I_L = -\frac{V_E - V_o}{L}T_{sw}(1-\delta)$$

$$= -\frac{6-24}{400 \times 10^{-6}} \times 20 \times 10^{-6} \times (1-0.75) = 225 \,\text{〔mA〕}$$

5.3 昇降圧チョッパ回路の動作原理と理論

昇圧チョッパ回路により電源電圧よりも高い出力電圧を得ることができた。しかし

> 降圧チョッパ回路は電源電圧より高い電圧を出力できない
> 昇圧チョッパ回路は電源電圧より低い電圧を出力できない

という制約がある。降圧チョッパ回路と昇圧チョッパ回路の両方の電圧範囲を出力できるチョッパ回路が昇降圧チョッパ回路である。

課題 5.2

昇降圧チョッパ回路の構成を示せ。(ヒント)降圧チョッパ回路および昇圧チョッパ回路のトランジスタ,インダクタ,ダイオードの配置を変えることで実現できる。

解答 図 5.8 は昇降圧チョッパ回路の構成を示す。降圧チョッパ回路とはインダクタ L とダイオード D の位置が入れ替わっている。図 5.9 は昇降圧チョッパ回路の動作原理を示す。図(a)はトランジスタ Tr がオンのときであり,図(b)はオフのときである。この回路では出力電圧 v_o は負である。

トランジスタ Tr がオンのときダイオード D は出力電圧 v_o と電源電圧 V_E により逆バイアスされ,非導通となる。電流 i は電源 E → トランジスタ Tr → インダクタ L の経路を流れる。このとき,インダクタ L の両端電圧 v_L は電源電圧 V_E にほぼ等しくなり,電流 i は増加してインダクタに磁気エネルギーを蓄える。トランジスタ Tr オフ時には電流 i は $L \to C \to D$ の経路を流れる。インダクタ L に蓄えられた磁気エネルギーにより,出力電圧 v_o に対抗する電圧がインダクタ両端に発生し,電流 i は流れ続けることができる。

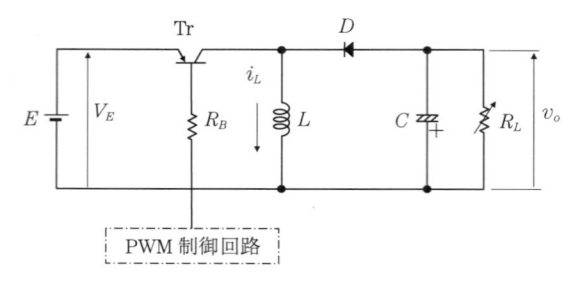

図5.8　昇降圧チョッパ回路

（a）Trオン

（b）Trオフ

図5.9　昇降圧チョッパ回路の動作原理

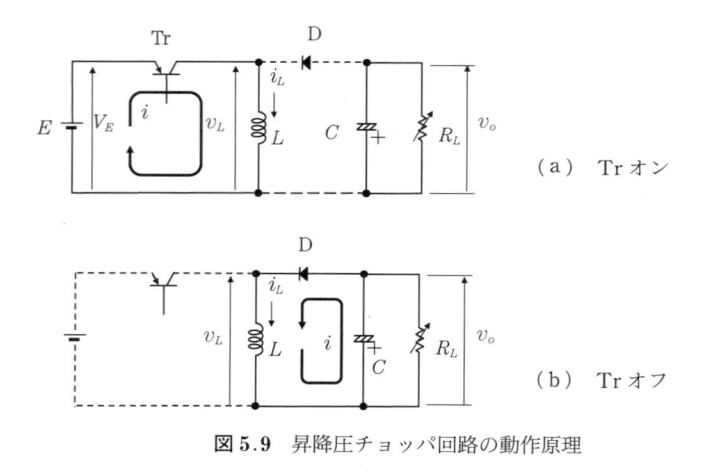

図5.10 は昇降圧チョッパ回路の PWM 制御回路をオペアンプ OP により構成した例を示す．指令電圧 v_{ref} と三角波電圧 v_{tri} を比較し，その大小関係に応じてトランジスタ Tr を式(5.3)のとおりにオン/オフする回路である．PWM 制御回路は図 4.25 の降圧チョッパ回路と同じである．

図5.11 は昇降圧チョッパ回路の具体例である．図(a)は実験回路であり，図(b)は立体配線図である．この回路は，図 4.5 の降圧チョッパ回路の具体例においてインダクタ，トランジスタ，およびダイオードの配置位置を変え，電解コンデンサの極性を反転させることで実現できる．

図5.12 に昇降圧チョッパ回路の各部の波形例を示す．図(a)が理想的な回路の波形であり，図(b)が図 5.11 の実験回路による波形である．それぞれ上から指令電圧 v_{ref}，三角波電圧 v_{tri}，オペアンプ出力電圧 v_{comp}，インダクタ電

5.3 昇降圧チョッパ回路の動作原理と理論　73

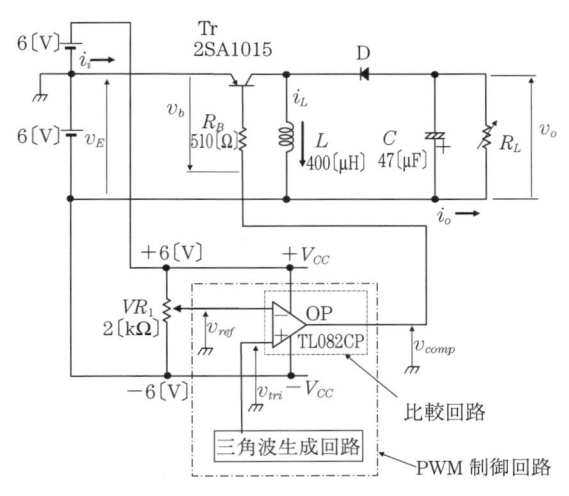

図 5.10　昇降圧チョッパ回路とオペアンプによる PWM 制御回路

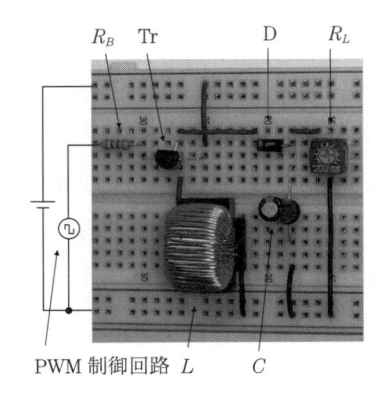

(a)　実験回路

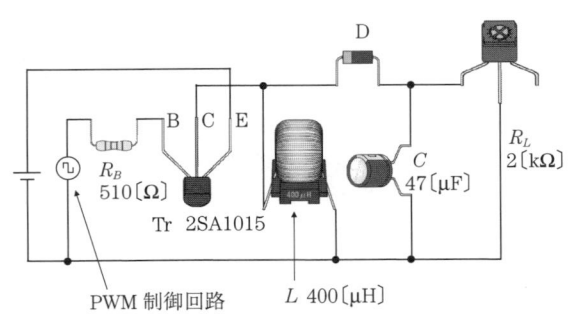

(b)　立体配線図

図 5.11　昇降圧チョッパ回路の具体例

5. 昇圧チョッパ回路/昇降圧チョッパ回路

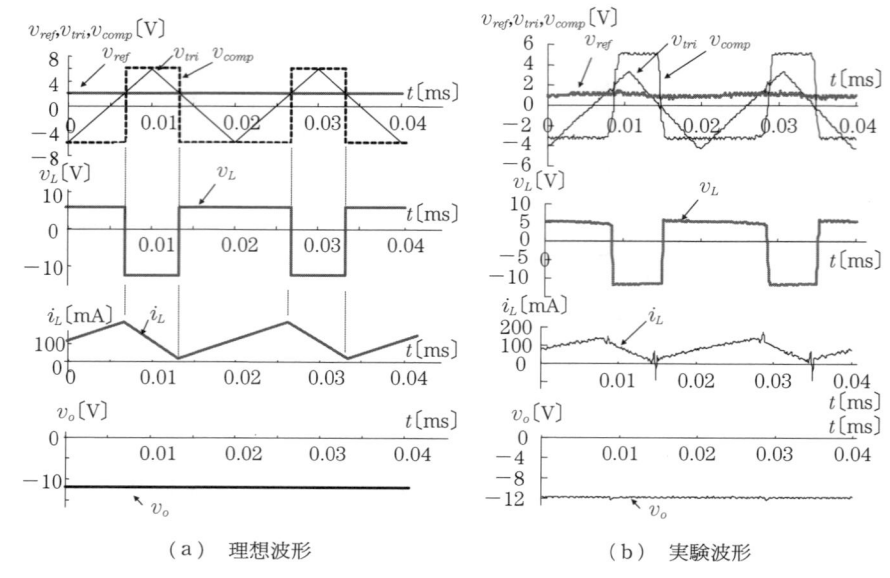

(a) 理想波形 (b) 実験波形

図5.12 昇降圧チョッパ回路の各部の波形（$\delta = 0.67$）

圧 v_L，インダクタ電流 i_L，出力電圧 v_o である。通流率 $\delta = 2/3$，電源電圧 $V_E = 6 \,[\mathrm{V}]$，スイッチング周波数 $f_{SW} = 50 \,[\mathrm{kHz}]$ の場合である。**このとき出力電圧には $-12 \,[\mathrm{V}]$ の値が得られている**。理想波形と実験波形は，降圧チョッパの例と同様の違いが見られるが，おおむね合っている。

課題 5.3

昇降圧チョッパ回路において出力電圧 v_o と電源電圧 V_E の関係を求めよ。通流率を δ とする。

[解答] 図5.13 は昇降圧チョッパ回路の簡略等価回路である。回路の抵抗分は無視し，出力側は電圧源 V_o で近似している。図5.14 はインダクタ電流 i_L の模式図である。時刻 t_1 からトランジスタ Tr がオンし，t_2 からオフしている。時刻 t_1 におけるインダクタ電流を I_1，t_2 における電流を I_2 とする。また，スイッチング周期を T_{SW}，トランジスタのオン期間を T_{ON} とする。

$t_1 \leqq t \leqq t_2$ において式(5.4)と同じ式が成立する。$t_2 \leqq t \leqq T_{SW} + t_1$ におい

5.3 昇降圧チョッパ回路の動作原理と理論

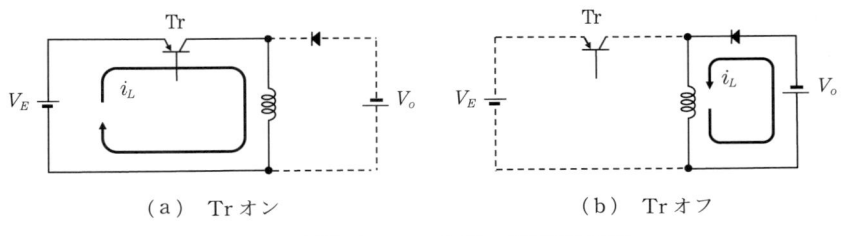

図 5.13 昇降圧チョッパ回路の簡略等価回路
(a) Tr オン (b) Tr オフ

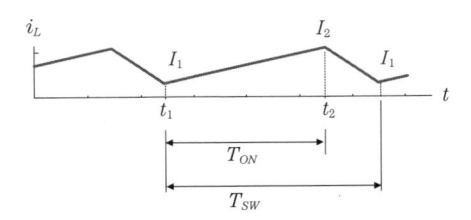

図 5.14 インダクタに流れる電流

ては

$$i_L = \frac{1}{L}\int_{t_2}^{t} v_L dt + I_2 = -\frac{V_o}{L}(t - t_2) + I_2$$

$$I_1 = -\frac{V_o}{L}T_{SW}(1 - \delta) + I_2 \tag{5.12}$$

となる。式(5.4),(5.12)より

$$\Delta I_L = I_2 - I_1 = \frac{V_E}{L}\delta T_{SW} \tag{5.13}$$

$$\Delta I_L = I_2 - I_1 = \frac{V_o}{L}T_{SW}(1 - \delta) \tag{5.14}$$

が得られ,両者が等しいとおいて

$$V_o = \frac{\delta}{1 - \delta}V_E \tag{5.15}$$

となる。通流率 δ は $0 \leq \delta < 1$ であるので,このチョッパ回路の出力電圧 v_o は $0 \leq v_o < \infty$ となる。出力電圧を電源電圧に対して上げることも下げることもできるチョッパであるので**昇降圧チョッパ**と呼ばれる。■

図 5.10 の回路において出力電流 i_o の平均値は

$$\overline{i_o} = I_o = \frac{V_o}{R_L} \tag{5.16}$$

となる。出力側に電流が流れる期間は通流率を用いて,$(1 - \delta)T_{SW}$ と表され

る。したがって，出力電流の平均値 $\overline{i_o}$ はインダクタを流れる電流の平均値 $\overline{i_L}$ の $(1-\delta)$ 倍となる。よって

$$\overline{i_L} = \frac{1}{1-\delta}\overline{i_o} = \frac{1}{1-\delta}\cdot\frac{V_o}{R_L} = \frac{\delta}{(1-\delta)^2}\cdot\frac{V_E}{R_L} \tag{5.17}$$

となる。一方，入力電流の平均値 $\overline{i_i}$ はインダクタを流れる電流の平均値 $\overline{i_L}$ の δ 倍であるので

$$\overline{i_i} = \delta\overline{i_L} = \frac{\delta}{1-\delta}\overline{i_o} = \frac{\delta}{1-\delta}\cdot\frac{V_o}{R_L} = \left(\frac{\delta}{1-\delta}\right)^2\frac{V_E}{R_L} \tag{5.18}$$

となる。

> **課題 5.4**
>
> 昇降圧チョッパ回路の出力電圧 v_o，インダクタ電圧 v_L，インダクタ電流 i_L の各波形を求めよ。ただし，通流率 $\delta = 2/3$，電源電圧 $V_E = 6\,[\mathrm{V}]$，負荷抵抗 $R_L = 740\,[\Omega]$，インダクタのインダクタンス $L = 400\,[\mu\mathrm{H}]$，スイッチング周波数 $f_{sw} = 50\,[\mathrm{kHz}]$ とする。

[解答] 出力電圧の平均値 $\overline{v_o}$ は，式(5.15)より

$$\overline{v_o} = \frac{\delta}{1-\delta}V_E = \frac{\frac{2}{3}}{1-\frac{2}{3}}\times 6 = 12\,[\mathrm{V}]$$

インダクタ電流の平均値 $\overline{i_L}$ は，式(5.17)より

$$\overline{i_L} = \frac{\delta}{(1-\delta)^2}\cdot\frac{V_E}{R_L} = \frac{\frac{2}{3}}{\left(1-\frac{2}{3}\right)^2}\times\frac{6}{740} \fallingdotseq 49\,[\mathrm{mA}]$$

である。インダクタ電流の変化分 ΔI_L は式(5.13)より

$$\Delta I_L = \frac{V_E}{L}\delta T_{sw} = \frac{6}{400\times 10^{-6}}\times 20\times 10^{-6}\times\frac{2}{3} \fallingdotseq 200\,[\mathrm{mA}]$$

となる。

6 オペアンプ回路

6.1 PWM 制御回路

> **PWM 波形はどうやって作るのか？**

　前章までは PWM 制御回路の詳細には触れなかった。最近はマイクロコンピュータなどを利用して PWM 制御波形を生成することが主流である。本書では原理の理解を目的として**オペアンプ**（operational amplifier，**演算増幅器**）を利用した回路を紹介してきた。図 4.25，図 5.3，図 5.10 はいずれも PWM 制御回路の中の比較回路をオペアンプ OP により構成した例である。また，図 4.29 は PI 制御回路と比較回路をオペアンプにより構成している。本章ではオペアンプの基本特性，およびオペアンプを応用した PWM 制御回路の動作原理を述べる。オペアンプの PI 制御回路への応用は 7.5 節に述べる。

　図 6.1 はオペアンプ（TL082CP）の外観，立体図および内部配線を示す。写真には 2 社の製品を載せてある。TL082CP のパッケージには 8 本のピンがあり，中にはオペアンプが 2 個入っている。写真に見られるようにオペアンプには円や半円の凹みが（いずれかまたは両方とも）つけられている。立体図のようにラベルのある面を上にして，凹みを左に見たとき，左下のピンが 1 番ピンであり，以降反時計回りにピン番号がつけられている。オペアンプは $+V_{cc}$ と $-V_{cc}$ の 2 つの直流電源を必要とし，図(c)のように接続する。それぞれ，8 番ピンと 4 番ピンが割り当てられ，これらの電源ピンは 2 つのオペ

6. オペアンプ回路

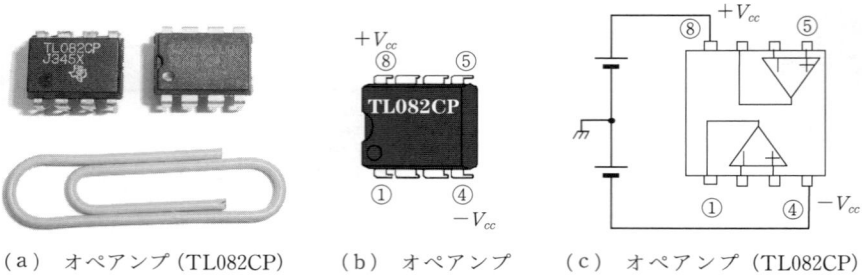

(a) オペアンプ (TL082CP) の外観

(b) オペアンプの立体図

(c) オペアンプ (TL082CP) の内部配線

図 6.1 オペアンプ (TL082CP)

アンプに共通である。

図 6.2 はオペアンプの記号を示す。オペアンプの入力電圧 v_{in} の向きは − 端子に対して + 端子の電位が高いときを正とする。ここで，出力電圧 v_{op} は無負荷時の出力電圧とする。図 6.3 は図 4.25，図 5.3，図 5.10 の比較回路（コンパレータ，comparator）の回路図を示す。指令電圧 v_{ref} と三角波電圧 v_{tri} を比較して出力電圧 v_{comp} に PWM 波形を得ている。

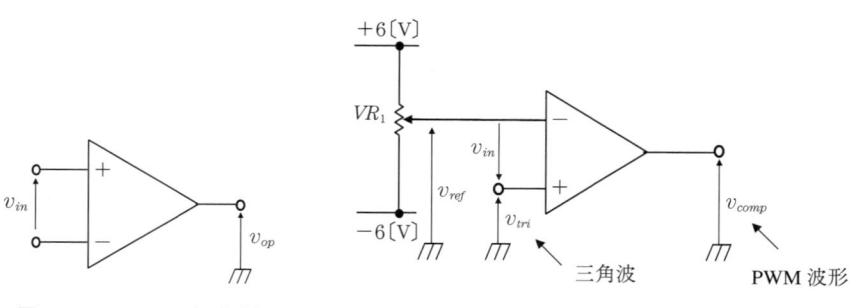

図 6.2 オペアンプの記号

図 6.3 比 較 回 路

図 6.3 の各部の実験波形例を図 6.4 に示す。図は三角波電圧 v_{tri} のピーク値を ±5 [V]，繰返し周波数を 1 [kHz] とし，指令電圧 v_{ref} を + 3 [V]，− 3 [V] としたときの実験波形をそれぞれ示す。指令電圧 v_{ref} と三角波電圧 v_{tri} の交差点においてオペアンプの出力電圧 v_{comp} は反転している。$v_{ref} > v_{tri}$ のとき $v_{comp} \fallingdotseq -4.5$ [V] であり，$v_{ref} < v_{tri}$ のとき $v_{comp} \fallingdotseq 5.5$ [V] である。この電圧値は，直流電源電圧が ± 6 [V] のときにオペアンプ (TL082CP) が出

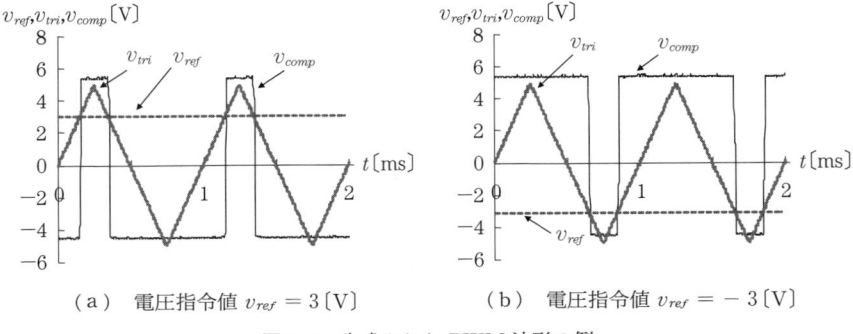

(a) 電圧指令値 $v_{ref} = 3\,[\mathrm{V}]$

(b) 電圧指令値 $v_{ref} = -3\,[\mathrm{V}]$

図 6.4 生成された PWM 波形の例

力可能な最大・最小値である。すなわち，図 6.3 の比較回路においてはオペアンプの出力は無負荷であるので，$v_{comp} = v_{op}$ であり，その出力電圧は最大値 $V_{op\max} \fallingdotseq 5.5\,[\mathrm{V}]$，もしくは最小値 $V_{op\min} \fallingdotseq -4.5\,[\mathrm{V}]$ で飽和している。図 6.3 の比較回路により，出力電圧の正/負の期間を指令電圧 v_{ref} に比例して制御する PWM 制御法を実現できる。

図 4.25 の降圧チョッパ回路においてはオペアンプの出力にはトランジスタのベース回路が接続されている。**図 6.5** はこのベース回路に関係する部分の抜粋である。v_{comp} の正/負におけるベース電流 i_B の経路を示す。図(a)は v_{comp}

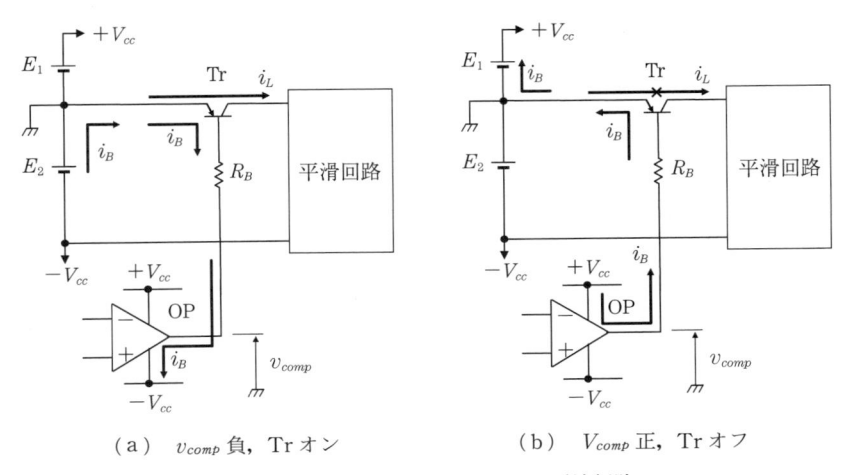

(a) v_{comp} 負，Tr オン

(b) V_{comp} 正，Tr オフ

図 6.5 降圧チョッパ回路のベース電流経路

80   6. オペアンプ回路

が負の場合であり，トランジスタ Tr のベース電流 i_B は電源 E_2 → Tr のエミッタ → ベース → オペアンプ OP の出力 → OP の $-V_{cc}$ 電源端子 → 電源 E_2 の経路を流れる。このベース電流 i_B によりトランジスタ Tr はオンし，Tr にはインダクタ電流 i_L が流れる。図(b)は v_{comp} が正の場合であり，ベース電流 i_B は電源 E_1 → OP の $+V_{cc}$ 電源端子 → OP の出力 → Tr のベース → エミッタ → 電源 E_1 の経路を，v_{comp} が負から正の値に反転した瞬間だけ流れ，その後零となる。トランジスタ Tr はオフする。

課題 6.1

オペアンプの無負荷時の出力電圧が $V_{op\min} ≒ -4.5$ [V] であったときのトランジスタ Tr のベース電流 i_B を求めよ。

[解答] 図 6.6 はトランジスタ Tr オン時におけるベース電流 i_B の経路の等価回路である。ベース電流 i_B の向きは図示のようにベース電極に流れ込む向きを正とする。オペアンプの出力電圧 v_{comp} は，無負荷時の出力電圧 $V_{op\min}$ からベース電流 i_B による出力抵抗 R_{out} の電圧降下分を引いた値となる。

$$v_{comp} = V_{op\min} - R_{out} i_B \tag{6.1}$$

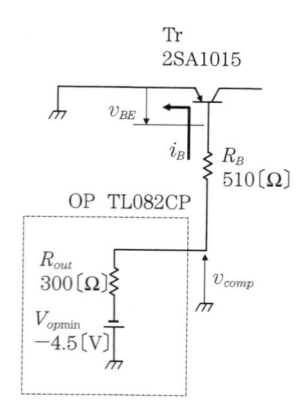

図 6.6 降圧チョッパ回路におけるトランジスタ Tr オン時のベース電流経路の等価回路

また，ベース電流 i_B は，トランジスタのベース-エミッタ間電圧を v_{BE} とすると

$$i_B = \frac{v_{comp} - v_{BE}}{R_B} \tag{6.2}$$

であるので，式(6.1)，(6.2)から v_{comp} を消去すれば

$$i_B = \frac{V_{op\min} - v_{BE}}{R_{out} + R_B} \tag{6.3}$$

である，オペアンプ TL082CP の出力抵抗 $R_{out} = 300\,[\Omega]$，図 4.26 の実験回路におけるベース抵抗 $R_B = 510\,[\Omega]$，ベース-エミッタ間電圧 $v_{BE} \fallingdotseq -0.7\,[V]$，$V_{op\min} \fallingdotseq -4.5\,[V]$ より

$$i_B = \frac{V_{op\min} - v_{BE}}{R_{out} + R_B} \fallingdotseq \frac{-4.5 + 0.7}{300 + 510} = -4.7\,[\text{mA}]$$

となり，4.2 節のベース電流の大きさに関する条件をほぼ満たしている。■

課題 6.2

昇圧チョッパ回路のベース電流経路を図示せよ。

[解答] 図 6.7 に昇圧チョッパ回路のベース電流 i_B の経路を示す。図 (a) はトランジスタ Tr オン時であり，図 (b) がオフ時である。図 (a) は v_{comp} が正であり，トランジスタ Tr のベース電流 i_B は電源 E_1 → オペアンプ OP の $+V_{cc}$ 電源端子 → OP の出力 → Tr のベース → エミッタ → 電源 E_1 の経路を流れる。このベース電流 i_B によりトランジスタ Tr はオンし，インダクタ電流 i_L がトランジスタに流れ込む。図 (b) は v_{comp} が負の場合であり，ベース電流 i_B は電源 E_2 → Tr のエミッタ → ベース → OP の出力 → OP の $-V_{cc}$ 電源端子 → 電源 E_2 の経路を，v_{comp} が正から負の値に反転した瞬間だけ流れ，ただちに零となる。トランジスタ Tr はオフし，インダクタ電流 i_L はチョッパ回路の出力側に流れ

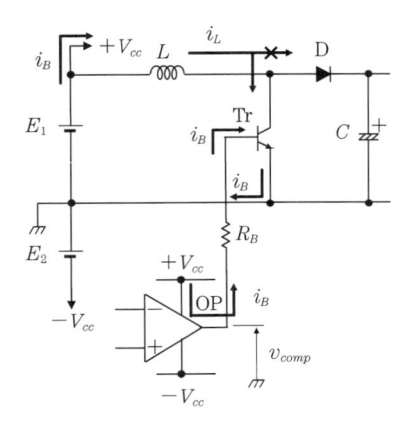

(a) v_{comp} 正，Tr オン (b) v_{comp} 負，Tr オフ

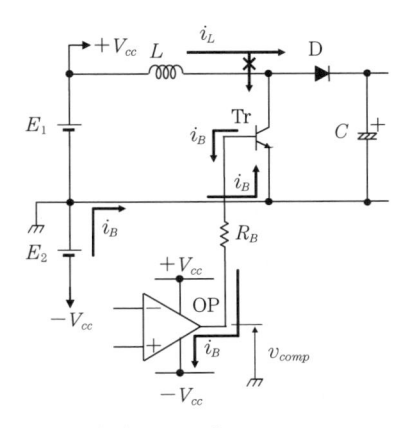

図 6.7 昇圧チョッパ回路のベース電流経路

る。

オペアンプの主な特徴は次の(a)〜(c)の3つである。

(a) **電圧増幅度** (A_v：図 6.2 において $A_v = v_{op}/v_{in}$) **がとても大きい。**TL082CP の標準値は 200 000 倍である。すなわち入力電圧が 10 [μV] のときに出力電圧は 2 [V] となる。

(b) **入力抵抗** (R_{in}) **が大きい。**TL082CP の標準値は $R_{in} = 10^{12}$ [Ω] である。

(c) **出力抵抗** (R_{out}) **が小さい。**TL082CP の標準値は $R_{out} = 300$ [Ω] である。

図 6.3 の比較回路は特徴(a)を利用している。図 6.4 において入力電圧 $v_{in}(= v_{tri} - v_{ref})$ の極性が反転した瞬間に出力電圧 v_{comp} はオペアンプが出力可能な最大値もしくは最小値に達する（なお，図 4.28，図 5.5，図 5.12 の実験結果では出力電圧 v_{comp} の極性反転は入力電圧の極性反転時点より遅れている。これは実際のオペアンプの電圧増幅度が小さいわけではなく，オペアンプの応答遅れによる）。

6.2 反転増幅回路

> 三角波はどうやって作るのか？

いきなり三角波の生成回路を示しても複雑であるので，準備のためにオペアンプを応用した基本的な回路から述べていく。**図 6.8** は反転増幅回路を用いた

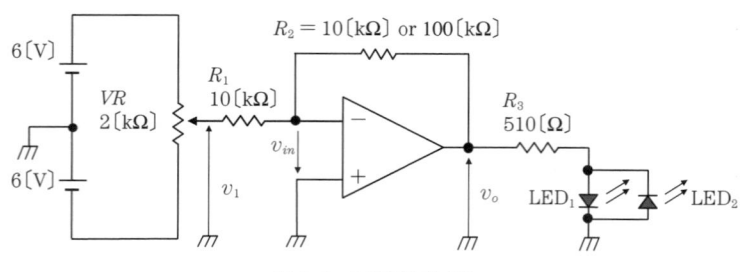

図 6.8 反転増幅回路

発光ダイオード（LED$_1$，LED$_2$）の調光回路である。オペアンプの出力電圧 v_o が正のとき LED$_1$ が点灯し，負のとき LED$_2$ が点灯する。可変抵抗器 VR により入力電圧 v_1 を変えることで，発光ダイオードの明るさを調節することができる。**図 6.9** は発光ダイオードの外観の例と記号を示す。発光ダイオードは足の長いほうがアノード電極である。

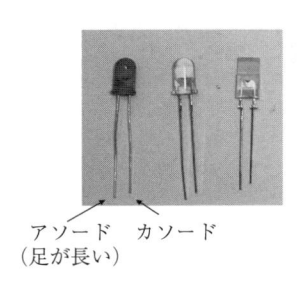

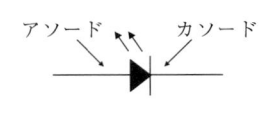

（a）発光ダイオードの外観　　（b）発光ダイオードの記号

図 6.9　発光ダイオード

図 6.10 は反転増幅回路を用いた調光回路の実験回路と立体配線図である。可変抵抗器 VR のつまみを回すことによる出力電圧の変化の様子を**図 6.11** に模式的に示す。図(a)は $R_2 = 10$ 〔kΩ〕の場合であり，図(b)は $R_2 = 100$ 〔kΩ〕の場合である。抵抗 R_2 の値によって増幅回路の電圧増幅度（$A_v = v_o/v_1$）が変化する。電圧増幅度はそれぞれ -1，-10 である。出力電圧の極性は入力電圧の極性に対して反転している。

反転増幅回路の動作原理を**図 6.12**(a)の等価回路を用いて説明する。オペアンプの基本動作は入力抵抗 R_{in}，出力抵抗 R_{out}，出力電圧源 $A_v\, v_{in}$ により表現できる。ただし，A_v はオペアンプの電圧増幅度，v_{in} はオペアンプの入力電圧である。ここで，オペアンプが理想的であるとする。前節のオペアンプの3つの特徴は，理想的なオペアンプにおいては(a) $A_v = \infty$，(b) $R_{in} = \infty$，(c) $R_{out} = 0$ となる。$A_v = \infty$ のとき出力電圧 v_o が有限の値をとるためには，オペアンプの入力電圧 $v_{in} = 0$ でなければならない。また，$R_{in} = \infty$ であるのでオペアンプの入力側は開放である。以上を踏まえた簡略等価

84　　6. オペアンプ回路

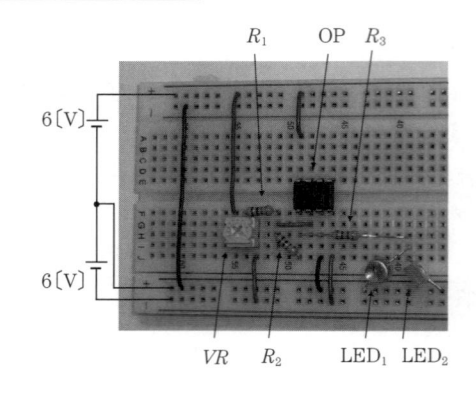

(a) 実験回路

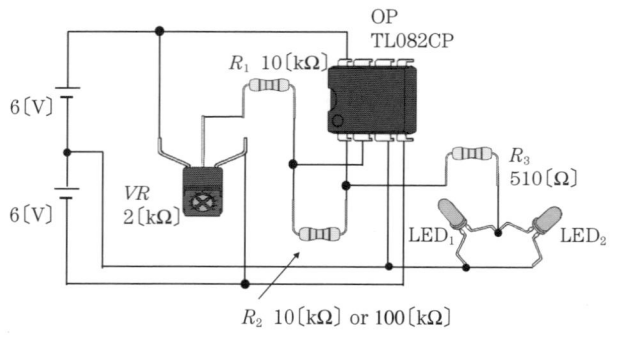

(b) 立体配線図

図 6.10 反転増幅回路の具体例

(a) $R_2 = 10 \,[\text{k}\Omega]$ のとき

(b) $R_2 = 100 \,[\text{k}\Omega]$ のとき

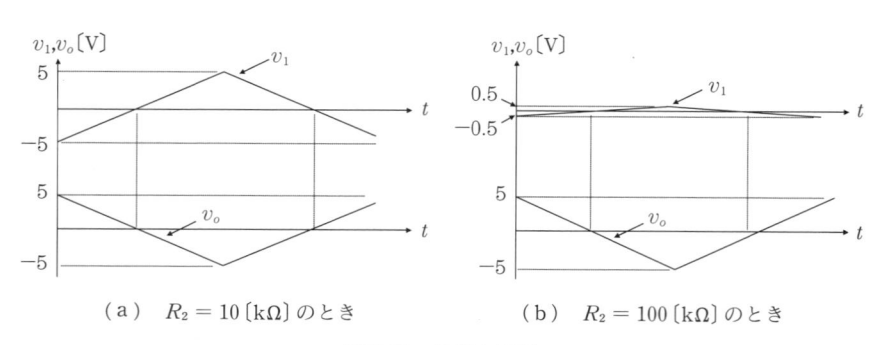

図 6.11 入出力波形

回路を図 6.12(b)に示す。

この回路においてオペアンプの入力電圧 $v_{in} = 0$ が成立しているとすると，入力電流 i_1 は入力電圧 v_1 によってきまる。電流 i_1 は

6.2 反転増幅回路

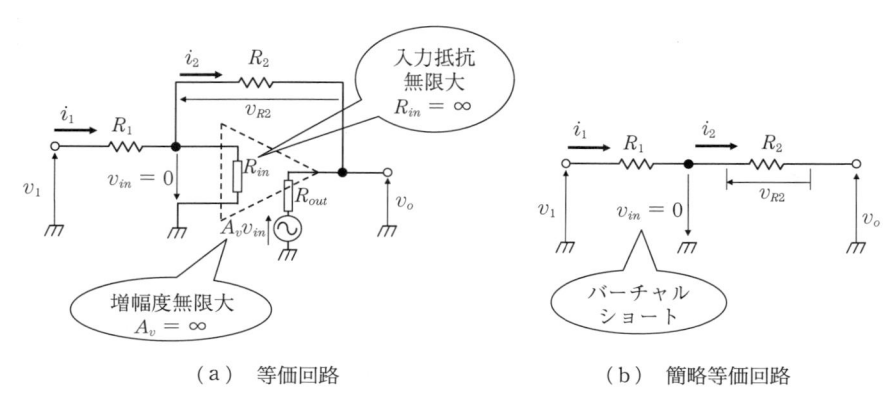

(a) 等価回路 　　　　(b) 簡略等価回路

図 6.12 　反転増幅回路の等価回路

$$i_1 = \frac{v_1}{R_1} \tag{6.4}$$

であり，この電流 i_1 は（オペアンプの入力抵抗が無限大であるので）オペアンプには流れ込まず，抵抗 R_2 に流れ込む。

$$i_1 = i_2 \tag{6.5}$$

$v_{in} = 0$ より，出力電圧 v_o は抵抗 R_2 の電圧降下 v_{R2} によって決まる。抵抗 R_2 の両端電圧 v_{R2} は

$$v_{R2} = R_2 i_2 = \frac{R_2}{R_1} v_1 \tag{6.6}$$

となる。出力電圧 v_o は，$v_o = -v_{R2}$ であるので

$$v_o = -\frac{R_2}{R_1} v_1 \tag{6.7}$$

と求められる。オペアンプの電圧増幅度が無限大であることにより，この反転増幅回路の電圧増幅度は外付けの抵抗により決定される（現実のオペアンプは，前節に述べたように理想オペアンプに近い特性を持っている）。

オペアンプの入力電圧 $v_{in} = 0$ が成立していることを**バーチャルショート**（virtual short，仮想接地）という。実際に接地されているわけではないが，実質接地と同じ状態にあることからこう呼ばれる。反転増幅回路においてバーチャルショートが成立する原理を**図 6.13** のイメージ図により説明する。図の

86　　6. オペアンプ回路

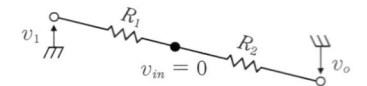

（a）初期状態

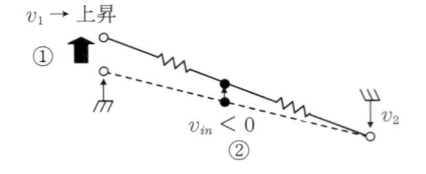

（b）入力電圧上昇

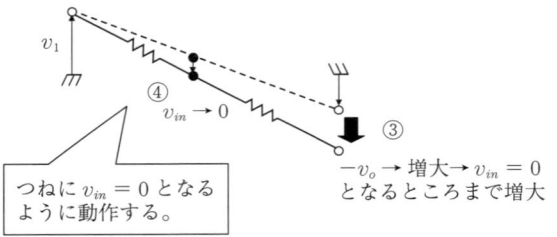

（c）バーチャルショートへ

図 6.13　バーチャルショートのイメージ図

抵抗 R_1，R_2 の両端点と中間点は，それぞれの電位に応じて高さを変えて表示してある．

いま反転増幅回路が図(a)の状態にあったとする．次の時点で，図(b)に示すように，増幅回路の入力電圧 v_1 が上昇したとする（図中①）．オペアンプの入力電圧 v_{in} はそれにつれてほんのわずか負となる（同②）．各点の電位は図中の破線から実線へと移る．この負の入力電圧により，次の瞬間には出力電圧 v_o は－側に絶対値が増大し（(c)図中③），それにつれて v_{in} は増加する．－v_o の増大は，$v_{in} = 0$ となるところで止まる（同④）．各点の電位は図中の破線から実線へと移る．このようにして，反転増幅回路はつねに $v_{in} \fallingdotseq 0$ となるように動作する．

課題 6.3

図 6.14 は加算回路の回路図を示す．この回路において出力電圧 v_o と入力電圧 v_1，v_2 の関係が次式で与えられることを示せ．

$$v_o = -\frac{R_2}{R_1}(v_1 + v_2) \tag{6.8}$$

図 6.14 加算回路

[解答] バーチャルショート $(v_{in} = 0)$ により

$$i_1 = \frac{v_1}{R_1}, \quad i_2 = \frac{v_2}{R_1}$$

オペアンプの入力抵抗が無限大であるので，これらの電流は抵抗 R_2 に流れ込む。

$$i_3 = i_1 + i_2$$
$$v_o = -R_2 i_3 = -\frac{R_2}{R_1}(v_1 + v_2)$$

6.3 積分回路

図 6.15 は積分回路の回路図を示す。この回路の解析はバーチャルショートを出発点にすると簡単になる。$v_{in} = 0$ より

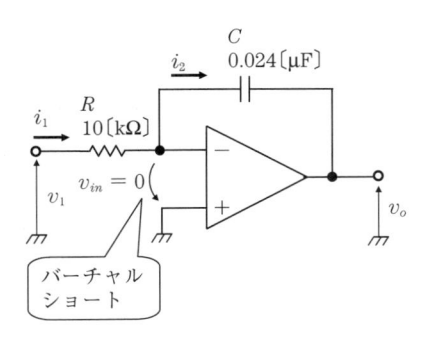

図 6.15 積分回路の回路図

$$i_1 = \frac{v_1}{R}$$

$$v_o = -\frac{1}{C}\int i_1 dt = -\frac{1}{RC}\int v_1 dt \tag{6.9}$$

となり，出力電圧は入力電圧の積分値を極性反転して得られる。

> **課題 6.4**
>
> $v_1 = 2\cos(2\pi ft)$ [V], $f = 1$ [kHz] のとき, v_o を求めよ。ただし，コンデンサ C の静電容量は 0.024 [μF], 抵抗 $R = 10$ [kΩ] とする。

[解答]
$$v_o = -\frac{1}{RC}\int v_1 dt = -\frac{1}{10\times 10^3 \times 0.024 \times 10^{-6}}\int 2\cos(2\,000\,\pi t)dt$$
$$= \frac{-2}{10\times 10^3 \times 0.024 \times 10^{-6} \times 2\,000 \times \pi}\sin(2\,000\,\pi t)$$
$$\fallingdotseq -1.3\sin(2\,000\,\pi t)$$

図 6.16 に実験結果を示す。理論値に近い波形が得られている。

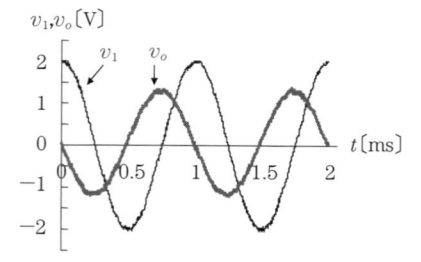

図 6.16 正弦波入力の場合の実験結果

> **課題 6.5**
>
> 積分回路の入力電圧 v_1 が矩形波であるとする。矩形波の振幅 $v_{1p} = 2$ [V], 半周期 $T/2 = 0.5$ [ms] のとき, v_o の最大値と最小値の差 V_{op-p} を求めよ。ただし，コンデンサ $C_1 = 0.024$ [μF] とする。

[解答]
$$V_{op-p} = -\frac{1}{RC}\int_0^{T/2} v_1 dt = -\frac{1}{RC}v_{1p}\frac{T}{2}$$
$$= \frac{-2\times 0.000\,5}{10\times 10^3 \times 0.024 \times 10^{-6}} \fallingdotseq -4.2 \text{ [V]}$$
$$\tag{6.10}$$

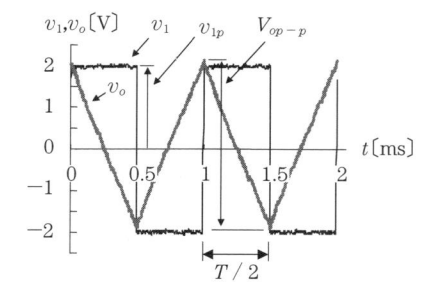

図 6.17 矩形波入力の場合の実験結果

図 6.17 に実験結果を示す。V_{op-p} は理論値に近い波形が得られている。　■

6.4 ヒステリシスコンパレータ

図 6.18 は**ヒステリシスコンパレータ**を用いた発光ダイオード（LED$_1$, LED$_2$）の調光回路である。図 6.8 の反転増幅回路との違いはオペアンプの入力端子の極性が反転していることだけであるが，動作はまったく異なっている。この回路は図 6.3 の比較回路に近い動作をする。

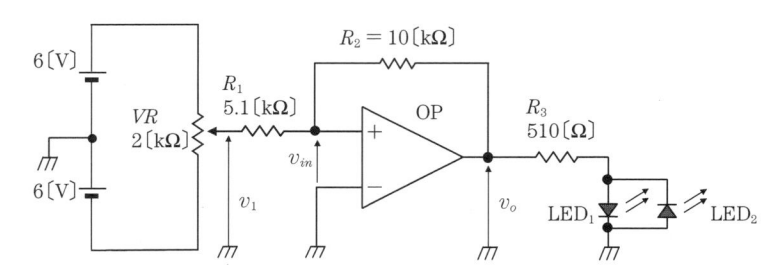

図 6.18 ヒステリシスコンパレータを用いた発光ダイオードの調光回路

図 6.19 はヒステリシスコンパレータの入出力電圧 v_1，v_o の模式図である。ここで，オペアンプ OP の出力電圧最大値/最小値を $V_{op\max}/V_{op\min}$ とする。出力抵抗 R_{out} は無視できるとする。図示のようにはじめ入力電圧 v_1 が負の値であり，出力電圧 v_o が $V_{op\min}$ で飽和していたとする。入力電圧 v_1 が上昇して，閾値 V_{h1} を超えると，出力電圧 v_o は反転し，$V_{op\max}$ で飽和する。その後入力電圧 v_1 が減少に転じて，閾値 V_{h2} を下回った時点で v_o は再反転する。v_o

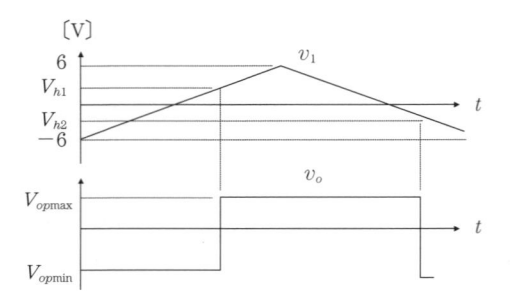

図 6.19　入出力波形

反転の閾値は v_1 の履歴により異なることからヒステリシス（履歴）コンパレータと呼ばれる。

この回路の動作原理を**図 6.20** により説明する。オペアンプの入力抵抗 R_{in} は無限大であるので，図（b）の簡略等価回路が成立する。出力抵抗 $R_{out} = 0$ とする。ヒステリシスコンパレータにおいてバーチャルショートは成立しない。オペアンプの入力電圧 $v_{in} > 0$ であれば出力電圧 v_o は出力電圧最大値 $V_{op\mathrm{max}}$ で飽和し，$v_{in} < 0$ であれば v_o は最小値 $V_{op\mathrm{min}}$ で飽和する。

（a）　ヒステリシスコンパレータ　　　　（b）　簡略等価回路

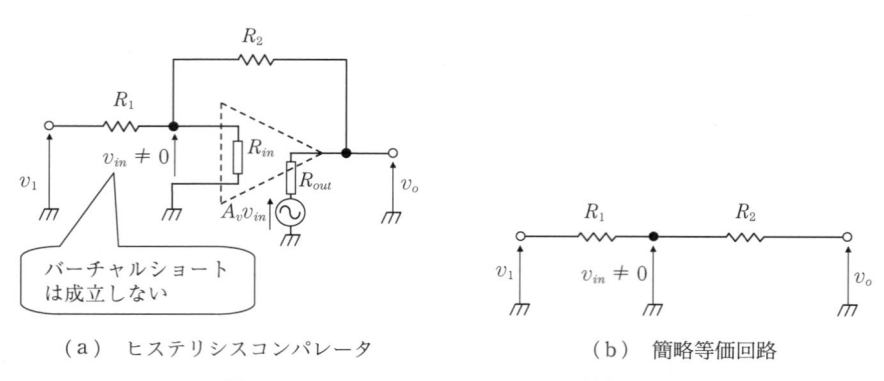

図 6.20　ヒステリシスコンパレータの等価回路

v_{in} は v_o とコンパレータの入力電圧 v_1 により

$$v_{in} = \frac{R_1}{R_1 + R_2}(v_o - v_1) + v_1$$

$$= \frac{R_2 v_1 + R_1 v_o}{R_1 + R_2} \tag{6.11}$$

となる．v_1 が変化して v_{in} の極性が反転すると，v_o は反転する．v_1 による v_o 反転の閾値は v_o の値そのものに依存する．

図 6.21 はこの回路の動作のイメージ図である．図の抵抗 R_1，R_2 の両端点と中間点は，それぞれの電位に応じて高さを変えて表示してある．いまこの回路が図 (a) の状態にあったとする．オペアンプの入力電圧 v_{in} は負であり，出力電圧 v_o は $V_{op\mathrm{min}}$ で飽和している．次の時点で，図 (b) に示すように，v_1 が上昇し（図中①），各点の電位が図中の破線から実線へと移り，v_{in} がほんのわずかに正になったとする（同②）．次の瞬間には，図 (c) に示すように，v_o は正側に反転し $V_{op\mathrm{max}}$ で飽和する（同③）．そして，v_{in} は正の大きな値となる（同④）．各点の電位は図中の破線から実線へと移る．図中①，②において，v_{in} が正になった瞬間の v_1 の値が V_{h1} である．次に再び v_o を負側に反転させるためには，v_1 を負にして，$v_{in} < 0$ としなければならない．

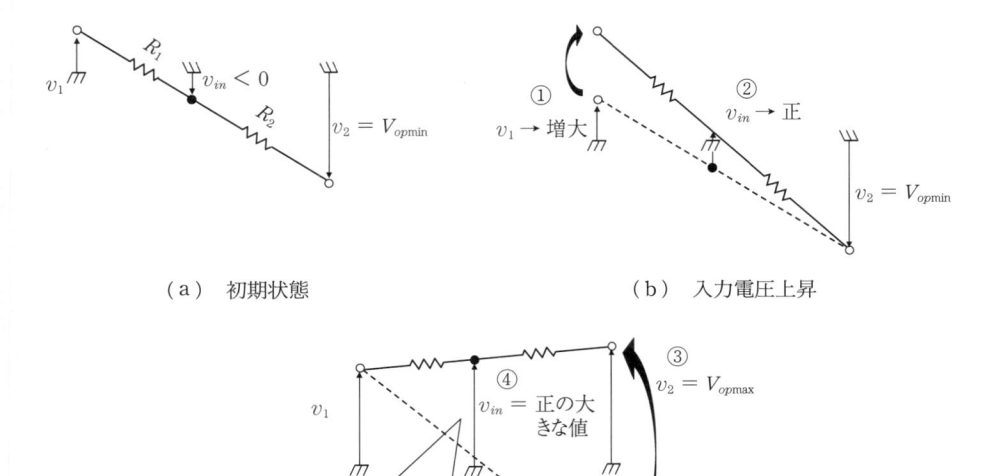

　　　（a）初期状態　　　　　　　　（b）入力電圧上昇

　　　　　　　　（c）出力電圧反転へ

図 6.21　ヒステリシスコンパレータの動作のイメージ図

> **課題 6.6**
>
> 図6.18のヒステリシスコンパレータにおいて,出力電圧 v_o が反転するときの入力電圧の閾値 V_{h1}, V_{h2} を求めよ。ただし,オペアンプの出力飽和電圧はそれぞれ $V_{op\max}/V_{op\min}$ であるとする。

[解答] 出力電圧 $v_o = V_{op\max}$ とする。式(6.11)より

$$v_{in} = \frac{R_2 V_h + R_1 V_{op\max}}{R_1 + R_2} = 0$$

$$V_{h2} = -\frac{R_1}{R_2} V_{op\max} \tag{6.12}$$

となる。同様にして,出力電圧 $v_o = V_{op\min}$ のとき

$$v_{in} = \frac{R_2 V_h + R_1 V_{op\min}}{R_1 + R_2} = 0$$

$$V_{h1} = -\frac{R_1}{R_2} V_{op\min} \tag{6.13}$$

と求まる。 ■

図 6.22 は図6.18を用いた出力波形例である。入力電圧 v_1 に三角波を与えたときの出力電圧 v_o の変化の様子である。三角波の繰返し周期は 1 [ms] である。この実験結果ではオペアンプの出力飽和電圧 $V_{op\max} \fallingdotseq 5.0$ [V], $V_{op\min} \fallingdotseq -4.5$ [V] であり,閾値はそれぞれおよそ -2.6 [V], 2.3 [V] であった。式(6.12), (6.13)に $V_{op\max} = 5.0$ [V], $V_{op\min} = -4.5$ [V] をそれぞれ代入すると,閾値は -2.6 [V], 2.3 [V] と求められ,実験結果はほぼ合っていた。

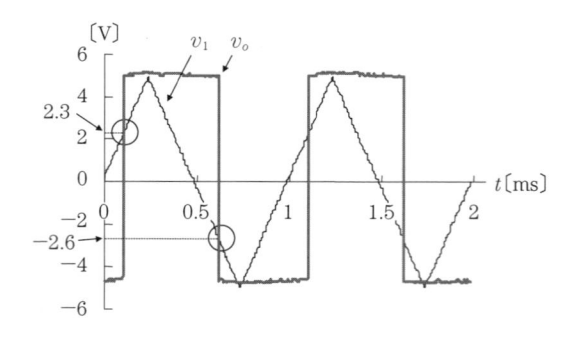

図 6.22 ヒステリシスコンパレータの入出力波形例

6.5 三角波生成回路

前節までで三角波生成回路導入の準備が整った。三角波は積分回路とヒステリシスコンパレータを組み合わせることで生成できる。**図 6.23** は三角波生成回路の回路図を示す。図の左側がヒステリシスコンパレータであり，右側が積分回路である。簡単のためヒステリシスコンパレータの出力飽和電圧は $\pm V$ とする。**図 6.24** は三角波生成回路の各部の波形を示す。

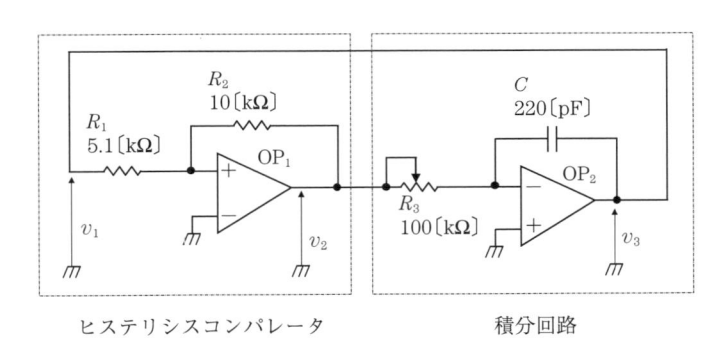

図 6.23 三角波生成回路

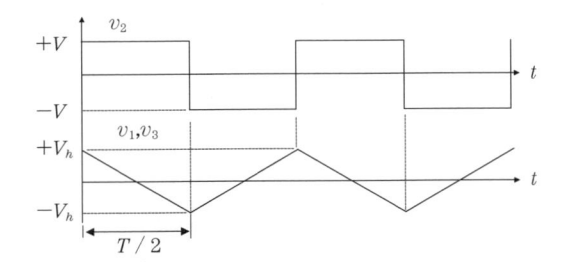

図 6.24 三角波生成回路の各部の波形

今，ヒステリシスコンパレータの出力電圧 v_2 が $+V$ で飽和していたとする。積分回路はこの電圧を積分する。式 (6.10) よりその出力電圧 v_3 は時間に比例して減少する。v_3 はそのままヒステリシスコンパレータの入力電圧 v_1 である。v_3 が閾値 $-V_h$ を下回った瞬間に v_2 は反転して $-V$ の値で飽和する。積分回路は引き続きこの電圧を積分するので，v_3 は今度は直線的に増加する。

6. オペアンプ回路

そして，v_3 が閾値 V_h を上回った瞬間に，v_2 は反転して $+V$ の値で飽和する。以降，同じことを繰り返す。v_3 は，振幅が V_h の三角波となる。

> **課題 6.7**
> 図 6.23 の回路の三角波の周期 T を求めよ。

[解答] 図 6.24 において時刻 $t=0$ のとき積分回路の出力電圧 $v_3 = V_h$ であったとして，半周期 $T/2$ の後には $v_3 = -V_h$ となっているので

$$v_3 = -\frac{1}{R_3C}\int_0^{T/2} v_2 dt + V_h = -\frac{VT/2}{R_3C} + V_h$$
$$= -V_h$$

となる。よって

$$T = \frac{4R_3CV_h}{V} \tag{6.14}$$

となる。また，式 (6.12) より

$$-V_h = -\frac{R_1}{R_2}V$$

であるので

$$T = \frac{4R_1R_3C}{R_2} \tag{6.15}$$

となる。 ∎

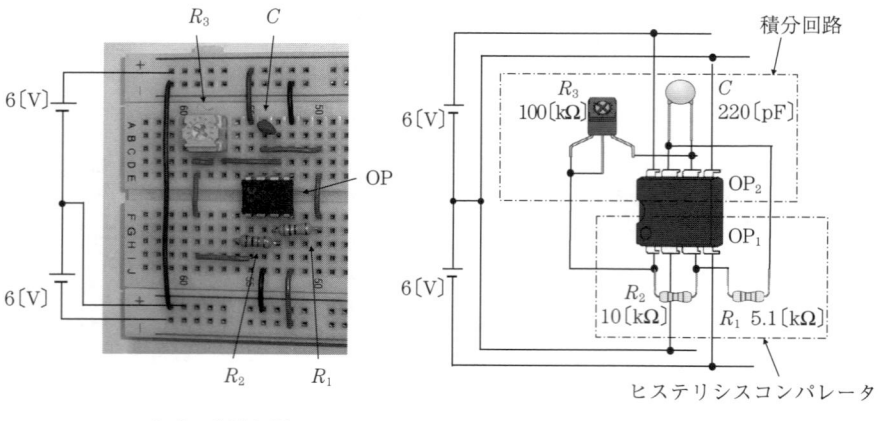

（a） 実験回路　　　　（b） 立体配線図

図 6.25 三角波生成回路の具体例

図 6.25 は三角波生成回路の実験回路とその立体配線図を示す。この回路においてコンデンサ C にはセラミックコンデンサを用いている。具体例を図 6.26 に示す。コンデンサ表面の数値 221 は静電容量であり，$221 = 22 \times 10^1$ 〔pF〕を意味する。図 6.27 は図 6.25 の回路により得られた実験波形である。

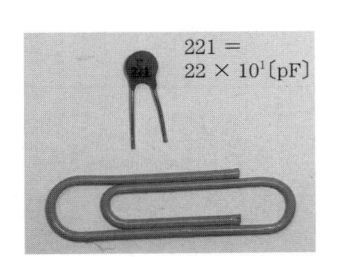

図 6.26 セラミックコンデンサ 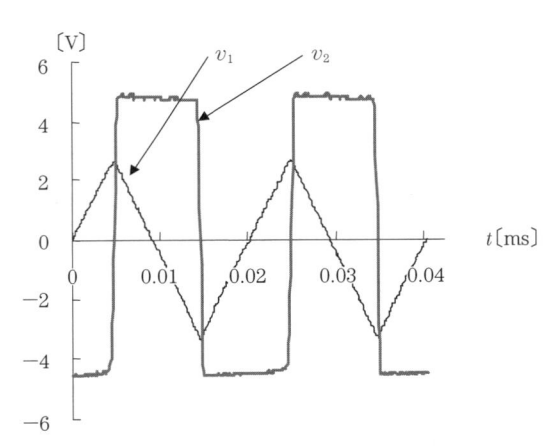 **図 6.27** 三角波・方形波発生器の実験波形

課題 6.8

図 6.25 の実験回路の三角波の周期 T を求めよ。ただし，コンデンサ C の静電容量および抵抗 R_1，R_2，R_3 の「実測値」はそれぞれ 210〔pF〕，5.2〔kΩ〕，9.1〔kΩ〕，36〔kΩ〕であった。

[解答] 式 (6.15) より
$$T = \frac{4R_1R_3C}{R_2} = \frac{4 \times 5.2 \times 10^3 \times 36 \times 10^3 \times 210 \times 10^{-12}}{9.1 \times 10^3}$$
$$= 17 \text{〔μs〕}$$

である。実験結果は $T = 20$〔μs〕であり，理論値よりも大きな値となった。理論値と実験値のずれの原因には，オペアンプの正負の飽和電圧の違いが考えられるが，この違いの影響は大きくなかった，主な原因はオペアンプの応答遅れであった。図 6.27 の実験波形において方形波の立ち上がり/立ち下がりに 1〔μs〕近くかかっている。

7 DC モータ駆動

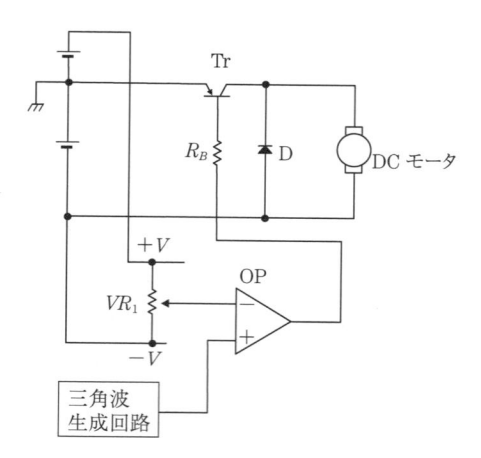

7.1 降圧チョッパ回路による DC モータの回転数制御

まず，降圧チョッパ回路により DC モータを駆動してみる。図 7.1 はその回路である。図 4.25 の降圧チョッパ回路においてインダクタ L とコンデンサ C および負荷抵抗 R_L を DC モータに置き換えている。DC モータの中には 7.4 節に述べるようにインダクタンスおよび電圧源に相当するものがあるので，この置き換えで降圧チョッパ回路は機能する。

この回路において可変抵抗 VR_1 の値を変えることで，DC モータの回転数を変えることができる。しかしこのままでは

図 7.1 降圧チョッパ回路による DC モータ駆動

7.1 降圧チョッパ回路による DC モータの回転数制御

DC モータの回転数のフィードバック制御ができない。

モータの回転数制御をするためには回転数を検出する必要がある。そのためもう 1 つ DC モータを用意して，先の DC モータの軸に結合する。DC モータは軸に機械的な力を加えて回せば直流電圧を発生する。この電圧がモータの回転数に比例するため，DC モータは回転数計として利用できる。

図 7.2 は降圧チョッパ回路による DC モータ DCM_1 の回転数のフィードバック制御回路である。もう 1 つの DC モータ DCM_2 の軸が DCM_1 の軸に機械的に直結されている。DC モータ DCM_2 の発電電圧 v_G を可変抵抗 VR_2 およびコンデンサ C_2 からなるフィルタ回路を通して，回転数に比例する電圧 v_ω を得て，PI 制御回路の入力としている。PI 制御回路ではこの電圧 v_ω を回転数指令電圧 $-v_{\omega ref}$ と比較して，降圧チョッパ回路の指令電圧 v_{ref} を出力する。そして，PWM 制御回路は，6.1 節で述べたように，この指令電圧 v_{ref} と三角波電圧 v_{tri} を比較して PWM 波形を出力する。PI 制御回路は 7.5 節で述べる。

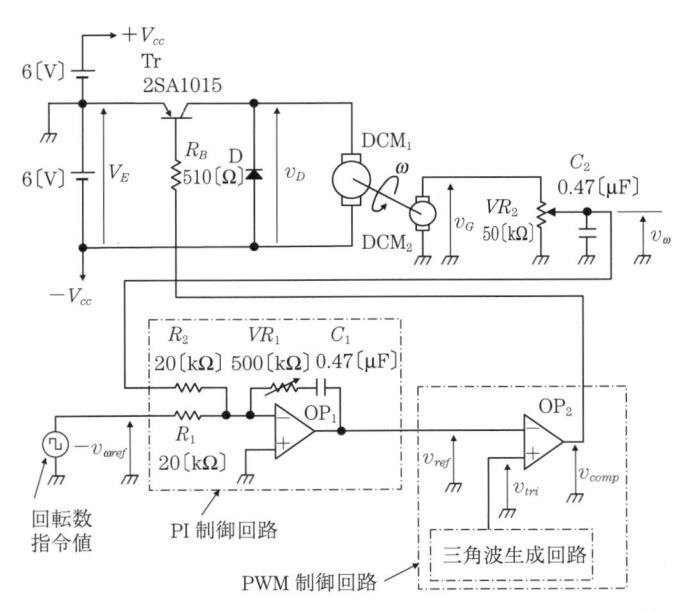

図 7.2 降圧チョッパ回路による DC モータの回転数のフィードバック制御回路

7. DCモータ駆動

図7.3は図7.2の実験回路である。モータの軸と発電機（回転数計）の軸がゴム管により接続されている。DCモータと発電機にはマブチモータFC-280

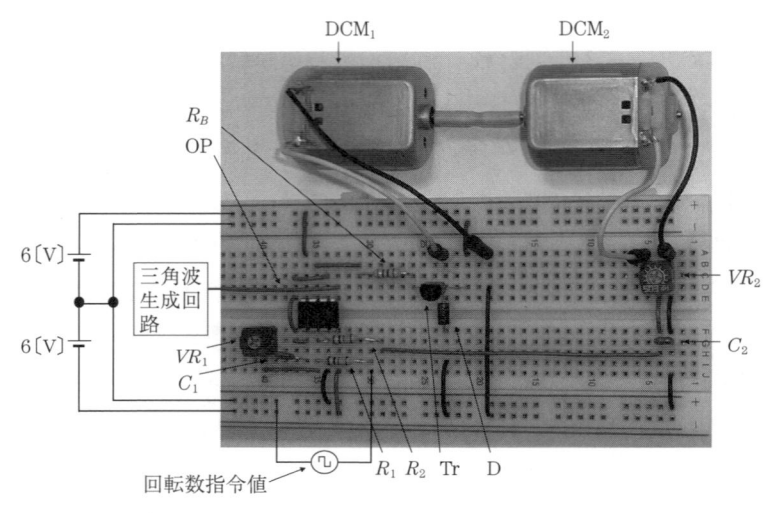

図7.3 降圧チョッパ回路によるDCモータの回転数制御（実験回路）

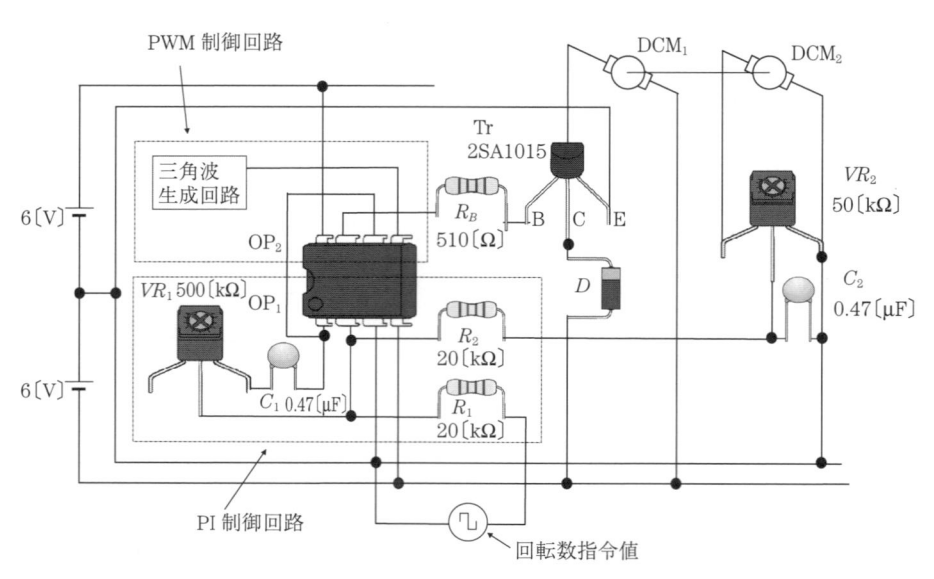

図7.4 降圧チョッパ回路によるDCモータの回転数制御（立体配線図）

7.1 降圧チョッパ回路による DC モータの回転数制御

SA（12〔V〕，無負荷時 10 000〔rpm〕，70〔mA〕）を用いている。**図 7.4** はその立体配線図である。ただし，モータ DCM_1 と発電機 DCM_2 は立体図を省略して，記号をそのまま用いている。一点鎖線で囲んだ部分はそれぞれ PI 制御回路と PWM 制御回路である。

図 7.5 は図 7.3 の実験回路による実験波形例である。回転数指令電圧 $-v_{\omega ref}$ に図（a）方形波，図（b）三角波を与えた場合の，モータの回転数電圧 v_ω の波形を示す。回転数指令電圧 $-v_{\omega ref}$ は負の値であるが，正負反転させて $v_{\omega ref}$ と v_ω を重ねて表示することで，両者の差をわかりやすくしてある。

（a） 方形波の指令電圧

（b） 三角波の指令電圧

図 7.5 DC モータの回転数制御例

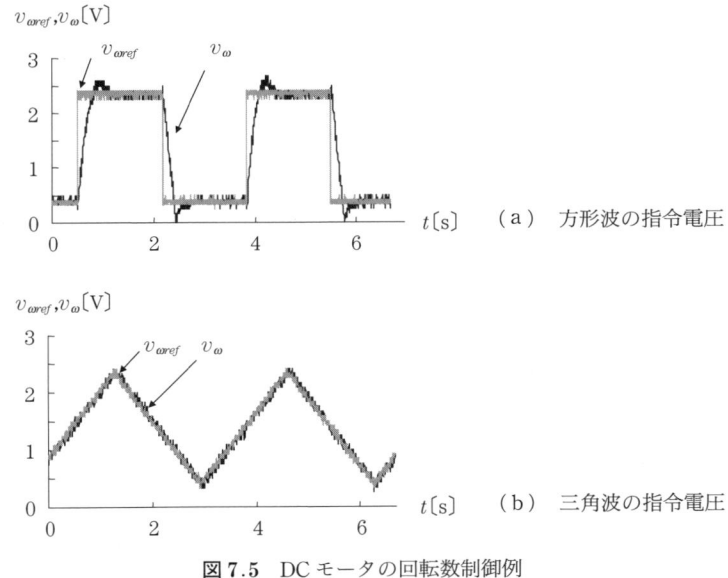

図（a）のように指令電圧が方形波の場合は指令電圧 $v_{\omega ref}$ のステップ的な変化にモータが追従できずに，モータの回転数電圧 v_ω は少し遅れて立ち上がり，また，立ち下がっている。図（b）の $v_{\omega ref}$ が三角波の場合には，v_ω は $v_{\omega ref}$ によく追従している。なお，モータの発電電圧 v_G は完全な直流ではなく，大きな脈動成分を含んでいる。図 7.5 の v_ω の波形は，VR_2 と C_2 のフィルタ回路によってこの脈動成分を除去したものである。

7.2 フィルタ回路

VR_2 と C_2 によるフィルタの効果を図 7.6 に示す。図(a)は図 7.2 の制御回路の発電機とフィルタの部分を抜粋して示す。図(b)は図 7.5(a)の回転数電圧 v_ω の時間軸を引き延ばしてある。回転数計 DCM_2 の発電電圧 v_G を併せて示す。図(c)は図(b)の 1 [s] の時点の波形を，時間軸をさらに引き延ばして示す。発電電圧 v_G にはときどきパルス状の電圧が乗っている。これは，DC モータのブラシと整流子の間で接点が離れた瞬間に発生していると考えられる。また，発電電圧 v_G は大きな脈動成分を含んでいる。

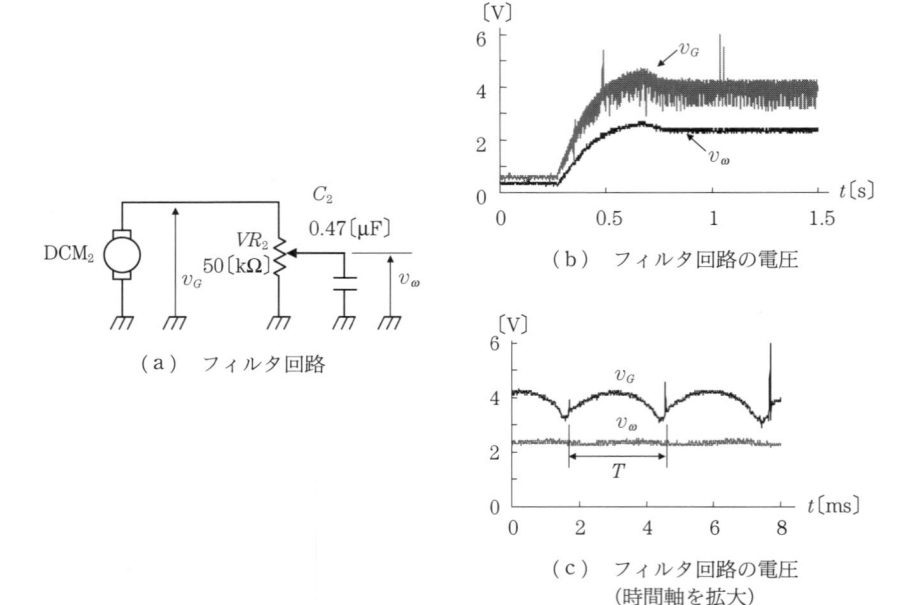

(a) フィルタ回路

(b) フィルタ回路の電圧

(c) フィルタ回路の電圧（時間軸を拡大）

図 7.6 フィルタの効果

DC 発電機は，電機子コイルに発生する正弦波（に近い）電圧をブラシ・整流子により所定の回転角で切り替えて，直流電圧を得ている。図 7.6(c) から

もわかるように，この脈動電圧は正弦波の一部が繰り返された波形である．脈動成分の繰返し周期 T はこの波形例ではおよそ $3\,[\mathrm{ms}]$ （繰返し周波数 $f = 330\,[\mathrm{Hz}]$）である．繰返し周期 T は発電機の回転数に依存する．回転数が上昇するとともに周期 T は短くなる．また，回転数の上昇により脈動成分の振幅は大きくなる．この脈動成分の増大は，図 7.6(b) において発電電圧 $v_G = 0.5\,[\mathrm{V}]$ 付近の脈動成分と，$v_G = 4\,[\mathrm{V}]$ 付近の成分では，後者が大きいことからもわかる．図 7.5，図 7.6 の実験例では，可変抵抗器 VR_2 の値を調節して，フィルタのカットオフ周波数を $65\,[\mathrm{Hz}]$ 付近に設定し，この周波数以上の脈動成分を抑えることとした．フィルタ回路の出力電圧 v_ω の波形からは，回転数のほぼ全範囲において脈動成分が小さくなっていることがわかる．また，パルス状電圧も除去されている．モータの回転数の変化はこのカットオフ周波数に比べて十分にゆっくりであるため，フィルタはノイズのみを除去し，フィードバック制御に必要な回転数情報を通過させている．

課題 7.1

図 7.7 のフィルタ回路について，出力電圧 v_ω と入力電圧 v_G の関係を求めよ．

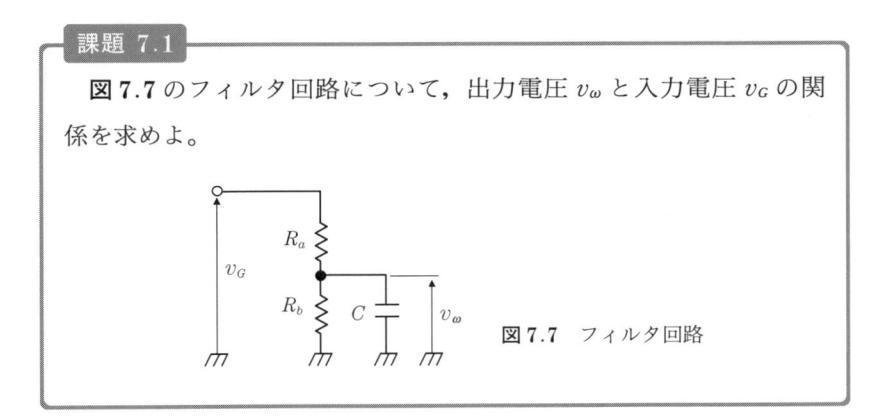

図 7.7 フィルタ回路

[解答] 図の回路において出力電圧 v_ω と入力電圧 v_G の関係は

$$V_\omega(s) = \frac{\dfrac{1}{\dfrac{1}{R_b} + sC}}{R_a + \dfrac{1}{\dfrac{1}{R_b} + sC}} V_G = \frac{\dfrac{R_b}{1 + sCR_b}}{R_a + \dfrac{R_b}{1 + sCR_b}} V_G$$

7. DCモータ駆動

$$= \frac{R_b}{R_a + R_b + sCR_aR_b}V_G = \frac{\dfrac{R_b}{R_a + R_b}}{1 + \dfrac{sCR_aR_b}{R_a + R_b}}V_G \tag{7.1}$$

となる。したがって，$s = j\omega$ とすると

$$v_\omega(j\omega) = \frac{\dfrac{R_b}{R_a + R_b}}{1 + \dfrac{j\omega CR_aR_b}{R_a + R_b}}v_G = \frac{\dfrac{R_b}{R_a + R_b}}{1 + j\dfrac{\omega}{\omega_1}}v_G \tag{7.2}$$

と求められる。ただし，$\omega_1 = \dfrac{R_a + R_b}{CR_aR_b}$ である。これは一次遅れのフィルタである。 ■

課題 7.2

図 7.2 の回路においてフィルタ回路の出力には，オペアンプの入力側の抵抗 R_2 が接続されている。使用したオペアンプ（TL082CP）は脈動成分の変化に対しても十分な速さで応答できるので，オペアンプの入力端はバーチャルショートが成立している。したがって，図 7.2 のフィルタ回路は，図 7.8 の回路で等価的に表すことができる。このフィルタ回路のカットオフ周波数 f_1 を求めよ。ただし，$VR_{21} = 8.5\,[\mathrm{k\Omega}]$，$VR_{22} = 41.5\,[\mathrm{k\Omega}]$，$R_2 = 20\,[\mathrm{k\Omega}]$，$C = 0.47\,[\mathrm{\mu F}]$ とする。

図 7.8　図 7.2 のフィルタ回路

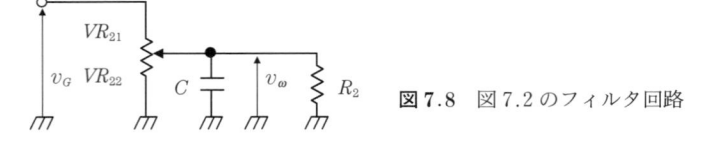

[**解答**] $R_a = VR_{21}$

$$R_b = VR_{22} \mathbin{/\!/} R_2 = \frac{VR_{22}R_2}{VR_{22} + R_2} = \frac{41.5 \times 10^3 \times 20 \times 10^3}{41.5 \times 10^3 + 20 \times 10^3} \fallingdotseq 13.5\,[\mathrm{k\Omega}]$$

$$f_1 = \frac{R_a + R_b}{2\pi CR_aR_b} \fallingdotseq \frac{22 \times 10^3}{2 \times \pi \times 0.47 \times 10^{-6} \times 8.5 \times 10^3 \times 13.5 \times 10^3}$$

$$\fallingdotseq 65\,[\mathrm{Hz}]$$

である。 ■

7.2 フィルタ回路

図 7.9 は課題 7.2 のフィルタ回路の入出力波形例を示す。入力電圧 v_G の振幅を 1 [V] 一定として，周波数 $f = 10, 65, 333$ [Hz] と変えて，出力電圧 v_ω を測定した。$f = 10$ [Hz] では，出力電圧 v_ω の位相はわずかに遅れ，振幅はほぼ抵抗の分圧比であり

$$\frac{R_b}{R_a + R_b} = \frac{13.5 \times 10^3}{8.5 \times 10^3 + 13.5 \times 10^3} \fallingdotseq 0.61$$

となっている。

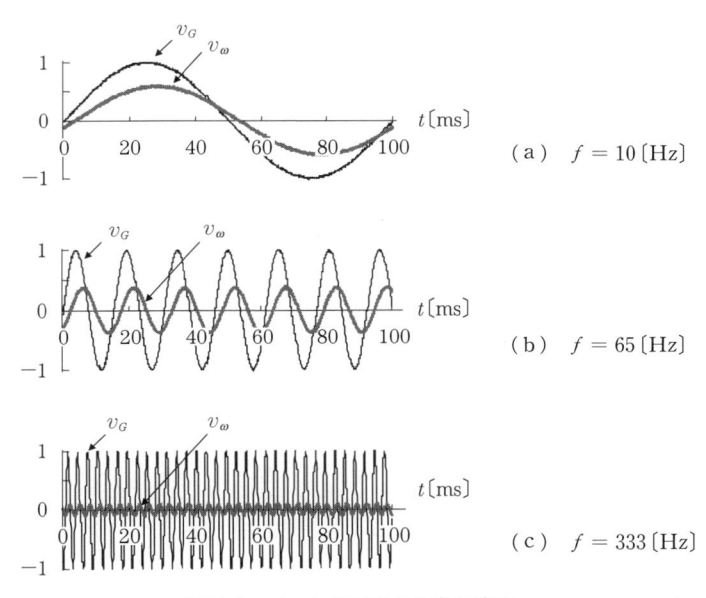

(a) $f = 10$ [Hz]

(b) $f = 65$ [Hz]

(c) $f = 333$ [Hz]

図 7.9 フィルタ回路の入出力波形

カットオフ周波数の $f = 65$ [Hz] のときには，出力電圧 v_ω の位相はほぼ $45°$ 遅れ，振幅は $0.61/\sqrt{2}$ となっている。これは式 (7.2) において

$$\left|\frac{v_\omega(j\omega_1)}{v_G}\right| = \left|\frac{\dfrac{R_b}{R_a + R_b}}{1 + j\dfrac{\omega_1}{\omega_1}}\right| = \frac{1}{\sqrt{2}} \cdot \frac{R_b}{R_a + R_b} \tag{7.3}$$

として得られる結果と一致する。$f = 333$ [Hz] では，v_ω の位相は $90°$ 近く遅れ，振幅は小さくなっている。

7.3 P 制 御

PI 制御回路とは proportional integral 制御回路の略である。PI 制御回路の原理について述べる前に，まず，簡単な **P 制御回路** の原理について述べる。図 7.2 の回路においてコンデンサ C_1 の両端を短絡すれば，P（proportional，比例）制御回路となる。**図 7.10** にその回路を抜粋して示す。

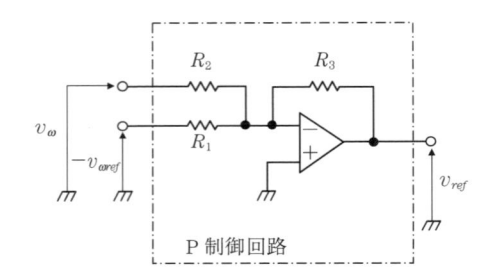

図 7.10 オペアンプによる P 制御回路

回転数指令電圧 $v_{\omega ref}$ は極性を反転して $-v_{\omega ref}$ としてある。この回路は課題 6.3 の加算回路と同じである。$R_1 = R_2$ とすると，この回路において以下の関係が成立する。

$$\begin{aligned} v_{ref} &= \frac{R_3}{R_1}(v_{\omega ref} - v_\omega) \\ &= K_P(v_{\omega ref} - v_\omega) \end{aligned} \tag{7.4}$$

ただし，$K_P = R_3/R_1$ であり，比例ゲイン（P ゲイン，proportional gain）と呼ばれる。回転数指令電圧 $v_{\omega ref}$ と回転数電圧 v_ω の誤差を比例ゲイン倍して，PWM 制御回路の指令電圧 v_{ref} としている。

図 7.2 のオペアンプ OP_2 において，この指令電圧 v_{ref} は三角波電圧 v_{tri} と比較され，PWM 波形 v_{comp} が生成される。**図 7.11** にその様子を示す。ここで三角波の振幅を V_{tp} とする。また，$v_{ref} > v_{tri}$ のとき，$v_{comp} = -V$ となり，$v_{ref} < v_{tri}$ のとき，$v_{comp} = +V$ となるとする。

図 7.2 において $v_{comp} = +V$ のときトランジスタ Tr はオフであり，v_{comp}

7.3 P制御

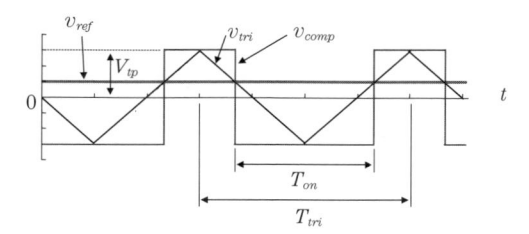

図7.11 PWM波形生成

$= -V$ のときオンである．そこで，トランジスタ Tr オンの期間 T_{on} と三角波の繰返し周期 T_{tri} の比を通流率 $\delta = T_{on}/T_{tri}$ とすると

$$v_{ref} = V_{tp} \quad \text{のとき} \quad \delta = 1$$
$$v_{ref} = 0 \quad \text{のとき} \quad \delta = 0.5 \tag{7.5}$$
$$v_{ref} = -V_{tp} \quad \text{のとき} \quad \delta = 0$$

となる．

課題 7.3

δ と $\dfrac{v_{ref}}{V_{tp}}$ の関係を求めよ．

解答

$$\delta = \frac{1}{2}\left(\frac{v_{ref}}{V_{tp}} + 1\right) \tag{7.6}$$

■

図7.2においてダイオードの両端電圧 v_D の平均値 $\overline{v_D}$ は式(4.26)，式(7.4)，式(7.6)を用いて

$$\begin{aligned}\overline{v_D} &= \delta V_E \\ &= K_{CH}K_P(v_{\omega ref} - v_\omega) + \frac{V_E}{2}\end{aligned} \tag{7.7}$$

と与えられる．ただし，V_E は電源電圧であり，K_{CH} はチョッパ回路ゲインである．

課題 7.4

チョッパ回路ゲイン K_{CH} を求めよ．

[解答] 式(7.6)より

$$\delta = \frac{1}{2}\left(\frac{v_{ref}}{V_{tp}} + 1\right)$$

であるので，これを式(4.26)に代入すると

$$\overline{v_D} = \delta V_E$$
$$= \frac{1}{2}\left(\frac{v_{ref}}{V_{tp}} + 1\right)V_E$$

となる。また，式(7.4)より

$$v_{ref} = K_P(v_{\omega ref} - v_\omega)$$

であるので

$$\overline{v_D} = \frac{1}{2}\left(\frac{K_P(v_{\omega ref} - v_\omega)}{V_{tp}} + 1\right)V_E$$
$$= \frac{1}{2}\cdot\frac{V_E}{V_{tp}}K_P(v_{\omega ref} - v_\omega) + \frac{V_E}{2}$$

となる。ゆえに

$$K_{CH} = \frac{1}{2}\cdot\frac{V_E}{V_{tp}} \tag{7.8}$$

である。 ■

P制御回路によるDCモータの制御結果を**図7.12**に示す。図(a)は比例ゲ

(a) $K_P = 5 (R_1 = R_2 = 20\,[\mathrm{k\Omega}],\ R_3 = 100\,[\mathrm{k\Omega}])$

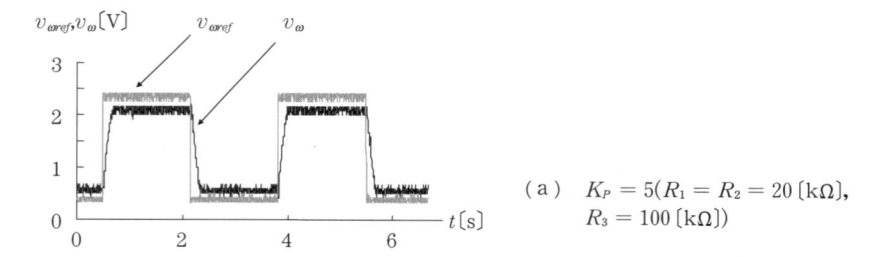

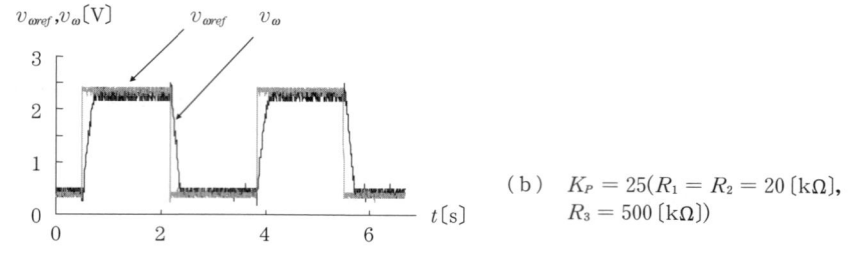

(b) $K_P = 25 (R_1 = R_2 = 20\,[\mathrm{k\Omega}],\ R_3 = 500\,[\mathrm{k\Omega}])$

図7.12 P制御によるDCモータの制御結果

イン $K_P = 5$ ($R_1 = R_2 = 20$ [kΩ], $R_3 = 100$ [kΩ]) のときであり，図(b)は $K_P = 25$ ($R_1 = R_2 = 20$ [kΩ], $R_3 = 500$ [kΩ]) のときである．回転数指令電圧 $v_{\omega ref}$ をステップ的に変化させたとき，モータの回転数電圧 v_ω は追従しているが，両者の差は零にならない．比例ゲイン K_P が大きい図(b)において，この差は小さくなっているが，零にはならない．

7.4　DCモータの伝達関数とP制御の定常偏差

図7.13 はDCモータの等価回路を示す．ここで，v_D はモータの印加電圧 [V]（図7.2のダイオードの両端電圧），i_a は電機子電流 [A]，R_a は電機子抵抗 [Ω]，L_a は電機子インダクタンス [H]，v_a は電機子起電力 [V]，K_v は起電力定数 [V·s/rad] である．

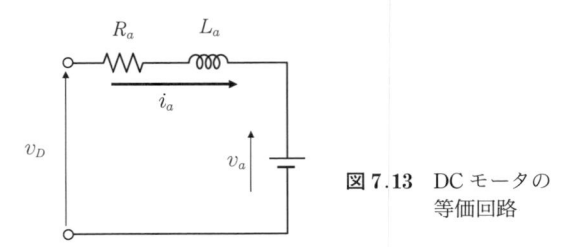

図7.13 DCモータの等価回路

DCモータの電気系に関して以下の式が成り立つ．

$$v_D = L_a \frac{di_a}{dt} + R_a i_a + v_a \tag{7.9}$$

$$v_a = K_v \omega \tag{7.10}$$

電機子起電力 v_a は図7.6のモータの発電電圧 v_G と同じ波形であり，脈動電圧を含んでいる．これはモータの回転子の角度により起電力定数 K_v が変化することに相当するが，以降，K_v は角度によらず一定と近似する．

図7.14 はモータの負荷の模式図である．ここで，ω はモータの回転数 [rad/s]，τ はモータの発生トルク [N·m]，K_τ はトルク定数 [(N·m)/A]，J_m は慣性モーメント [(N·m)s²/rad]，D_m は摩擦係数 [(N·m)s/rad]，τ_L は負荷

108   7. DCモータ駆動

図 7.14 モータの負荷

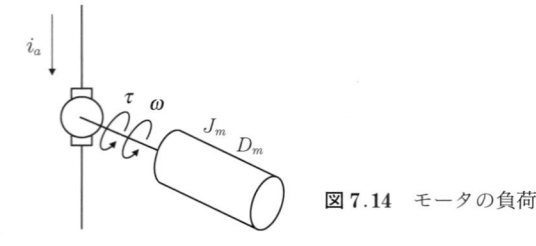

トルク〔N·m〕である。

この機械系に関しては以下の式が成り立つ。

$$\tau = J_m \frac{d\omega}{dt} + D_m \omega + \tau_L \tag{7.11}$$

$$\tau = K_\tau i_a \tag{7.12}$$

トルク定数 K_τ も起電力定数と同様に厳密には回転子の角度により変化するが，K_τ も角度によらず一定と近似する。

課題 7.5

電機子電流 i_a および回転数 ω に関する微分方程式をラプラス変換して，次式の $F_v(s)$，$F_m(s)$ を求めよ。ただし，i_a，ω の初期値は零とする。

$$I_a(s) = F_v(s)(V_D(s) - K_v \Omega(s)) \tag{7.13}$$

$$\Omega(s) = F_m(s)(K_t I_a(s) - T_L(s)) \tag{7.14}$$

解答　式(7.9)〜式(7.12)をラプラス変換すると

$$V_D(s) = sL_a I_a(s) + R_a I_a(s) + V_a(s)$$

$$V_a(s) = K_v \Omega(s)$$

$$T(s) = sJ_m \Omega(s) + D_m \Omega(s) + T_L(s)$$

$$T(s) = K_\tau I_a(s)$$

となる。よって，これらをそれぞれ I_a および Ω に関して求めれば

$$I_a(s) = \frac{1}{sL_a + R_a}(V_D(s) - K_v \Omega(s)) \tag{7.15}$$

$$\Omega(s) = \frac{1}{sJ_m + D_m}(K_\tau I_a(s) - T_L(s)) \tag{7.16}$$

となる。よって

$$F_v(s) = \frac{1}{sL_a + R_a} \tag{7.17}$$

$$F_m(s) = \frac{1}{sJ_m + D_m} \tag{7.18}$$

である。

式(7.13)，(7.14)より図 **7.15** に示す DC モータのブロック線図を得る。

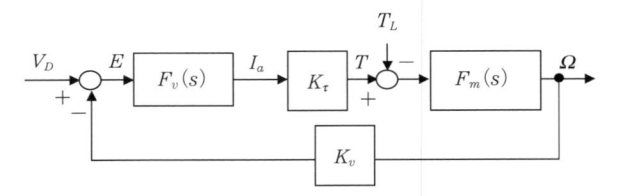

図 7.15 DC モータのブロック線図

回転数電圧 v_ω と発電機の電機子起電力 v_G の比例定数を $K_{fil} (= R_b/(R_a + R_b))$ とすると

$$v_\omega = K_{fil} v_G \tag{7.19}$$

と表される。発電機の起電力定数を K_{vG} とすると

$$v_G = K_{vG} \omega \tag{7.20}$$

であり

$$\begin{aligned} v_\omega &= K_{fil} K_{vG} \omega \\ &= K_{v2} \omega \end{aligned} \tag{7.21}$$

となる。$K_{v2} = K_{fil} K_{vG}$ である。

式(7.7)において制御に関係する右辺第 1 項をラプラス変換した結果に，式(7.21)をラプラス変換した結果を代入すれば

$$\begin{aligned} V_D &= K_{CH} K_P (V_{\omega ref}(s) - V_\omega(s)) \\ &= K_{CH} K_P (V_{\omega ref}(s) - K_{v2} \Omega(s)) \end{aligned} \tag{7.22}$$

となる。図 7.2 の DC モータ制御系のブロック線図を図 **7.16** に示す。

110   7. DCモータ駆動

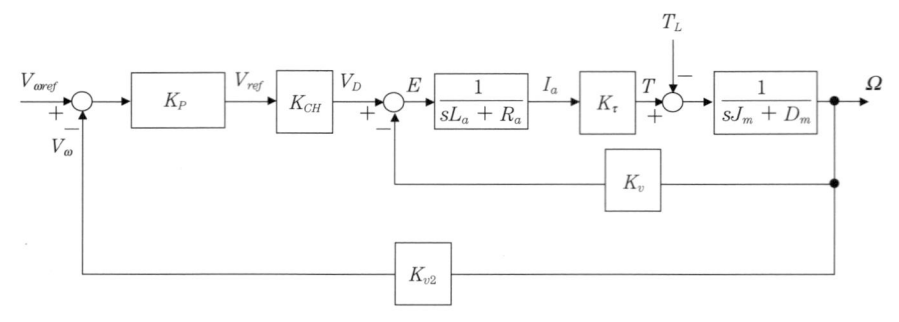

図 7.16 DCモータ制御系のブロック線図

課題 7.6

図7.15において，$T_L = 0$ として，モータの回転数 Ω とモータの印加電圧 V_D の関係が次式で与えられることを示せ．

$$\Omega(s) = \frac{\gamma}{s^2 + \alpha s + \beta} V_D(s) \tag{7.23}$$

ただし，$\alpha = \dfrac{R_a}{L_a} + \dfrac{D_m}{J_m}$, $\beta = \dfrac{D_m R_a + K_v K_\tau}{L_a J_m}$, $\gamma = \dfrac{K_\tau}{L_a J_m}$ である．

[解答] 図7.15において，誤差 E に着目すると

$$E(s) = V_D(s) - K_v \Omega(s) \tag{7.24}$$

である．また

$$\begin{aligned}
\Omega(s) &= F_m(s) K_\tau F_v(s) E(s) \\
&= K_\tau \frac{1}{sJ_m + D_m} \cdot \frac{1}{sL_a + R_a} E(s)
\end{aligned}$$

であるので，式(7.24)に代入して，E に関して整理すると

$$E(s) = \frac{1}{1 + \dfrac{K_v K_\tau}{(sJ_m + D_m)(sL_a + R_a)}} V_D(s) \tag{7.25}$$

となり，E と V_D の関係が求められる．これより

$$\Omega(s) = \frac{\dfrac{K_\tau}{L_a J_m}}{s^2 + \left(\dfrac{R_a}{L_a} + \dfrac{D_m}{J_m}\right) s + \dfrac{D_m R_a + K_v K_\tau}{L_a J_m}} V_D(s) \tag{7.26}$$

と求められる．よって，式(7.23)の各係数が求められた． ∎

7.4 DCモータの伝達関数とP制御の定常偏差

図 7.17 は式 (7.23) を用いて図 7.16 の DC モータ制御系のブロック線図を簡略化したブロック線図である。

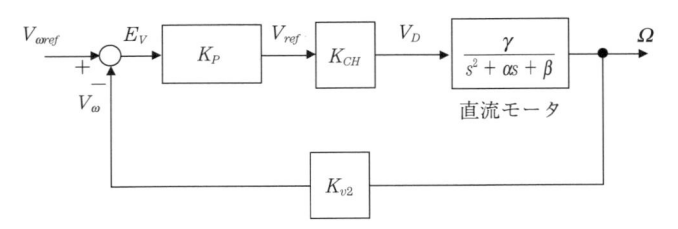

```
V_ωref → + → E_V → [K_P] → V_ref → [K_CH] → V_D → [γ/(s²+αs+β)] → Ω
         −                                        直流モータ
         ↑
         V_ω ← [K_v2] ←
```

図 7.17 DC モータ制御系のブロック線図

課題 7.7

図 7.17 において，モータの回転数 Ω と回転数指令値 $V_{\omega ref}$ の関係は次式で与えられる．式中の係数 a, b, c を求めよ．

$$\Omega(s) = \frac{c}{s^2 + as + b} V_{\omega ref}(s) \tag{7.27}$$

[解答] 図 7.17 において，誤差 E_V に着目すると

$$E_V(s) = V_{\omega ref}(s) - K_{v2}\Omega(s)$$

である．また

$$\Omega(s) = \frac{\gamma}{s^2 + \alpha s + \beta} K_{CH} K_P E_V(s)$$

より

$$E_V(s) = \frac{1}{1 + K_{v2} K_{CH} K_P \dfrac{\gamma}{s^2 + \alpha s + \beta}} V_{\omega ref}(s)$$

と求まる．よって

$$\Omega(s) = \frac{\dfrac{K_\tau K_{CH} K_P}{L_a J_m}}{s^2 + \left(\dfrac{R_a}{L_a} + \dfrac{D_m}{J_m}\right)s + \dfrac{D_m R_a + K_v K_\tau + K_{v2} K_\tau K_{CH} K_P}{L_a J_m}} V_{\omega ref}(s) \tag{7.28}$$

となる．

7. DC モータ駆動

図 7.18 は式 (7.27) で表される DC モータ制御系の伝達関数である。回転数電圧 $V_\omega(s)$ は

$$V_\omega(s) = K_{v2}\Omega(s) = \frac{K_{v2}c}{s^2 + as + b}V_{\omega ref}(s) \tag{7.29}$$

となる。

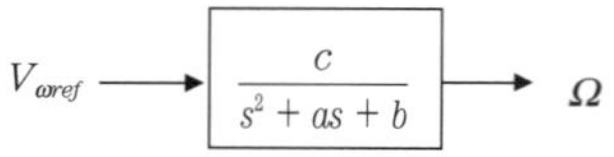

$V_{\omega ref}$ → [$\frac{c}{s^2+as+b}$] → Ω

図 7.18 DC モータ制御系の伝達関数

今，回転数指令値 $v_{\omega ref}(t)$ を大きさ V_1 のステップ入力とする。これは単位ステップ関数 $u(t)$ を用いて

$$v_{\omega ref}(t) = V_1 u(t) \tag{7.30}$$

と表すことができる。これをラプラス変換すると

$$V_{\omega ref}(s) = \frac{V_1}{s} \tag{7.31}$$

となる。十分時間が経ったときのフィルタの出力電圧 $v_\omega(\infty)$ は，ラプラス変換の最終値定理より

$$\lim_{t \to \infty} v_\omega(t) = \lim_{s \to 0} sV_\omega(s) = \lim_{s \to 0} s \frac{K_{v2}c}{s^2 + as + b} \cdot \frac{V_1}{s}$$

$$= \frac{K_{v2}c}{b}V_1 = \frac{K_{v2}K_\tau K_{CH}K_P}{D_m R_a + K_v K_\tau + K_{v2}K_\tau K_{CH}K_P}V_1 \tag{7.32}$$

と求められる。これにより，比例ゲイン K_P が有限の値である限り $v_\omega(\infty) < V_1$ であり，P 制御では回転数指令値 $v_{\omega ref}$ と回転数電圧 v_ω の**定常偏差**は零にならないことが理論的に示された。

P 制御は回転数指令値 $v_{\omega ref}$ と回転数 v_ω の誤差に比例ゲインをかけてチョッパ回路の出力電圧を決めているので，誤差がなければチョッパ回路の出力電圧は零であり，モータの回転を維持できない。

P 制御では回転数指令値 $v_{\omega ref}$ と回転数 v_ω を一致させることはできない。

7.5 PI 制御

図 7.19 はオペアンプによる **PI 制御回路**を示す。オペアンプの入力端子においてバーチャルショートが成立している。抵抗 $R_1 = R_2$ とすると

$$v_{ref} = \frac{R_3}{R_1}(v_{\omega ref} - v_\omega) + \frac{1}{R_1 C_1}\int(v_{\omega ref} - v_\omega)dt$$

$$= K_P(v_{\omega ref} - v_\omega) + K_I \int(v_{\omega ref} - v_\omega)dt \qquad (7.33)$$

となる。ここで，K_P は比例ゲイン，K_I は積分ゲイン（I ゲイン，integral gain）である。

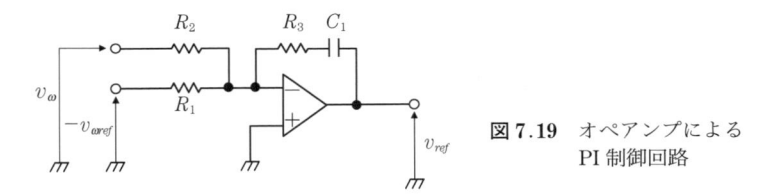

図 7.19 オペアンプによる PI 制御回路

この式をラプラス変換すると

$$V_{ref} = K_P(V_{\omega ref} - V_\omega) + \frac{K_I}{s}(V_{\omega ref} - V_\omega)$$

$$= \left(K_P + \frac{K_I}{s}\right)(V_{\omega ref} - V_\omega) \qquad (7.34)$$

となる。ただし，初期値は零としている。

図 7.20 は PI 制御系のブロック線図を示す。この図は図 7.17 の DC モータ

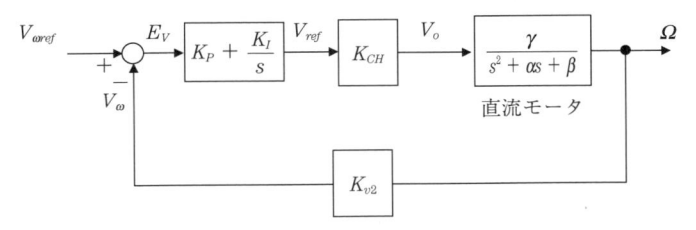

図 7.20 DC モータの PI 制御系のブロック線図

114   7. DCモータ駆動

のブロック線図の P 制御を PI 制御に置き換えたものである。

課題 7.8

図 7.20 において，モータの回転数 Ω と回転数指令値 $V_{\omega ref}$ の関係は次式で与えられる。式中の係数 a, b, c, d, e を求めよ。

$$\Omega(s) = \frac{ds + e}{s^3 + as^2 + bs + c} V_{\omega ref}(s) \tag{7.35}$$

【解答】 $E_V(s) = V_{\omega ref}(s) - K_{v2}\Omega(s)$

$$\Omega(s) = \frac{\gamma}{s^2 + \alpha s + \beta} K_{CH}\left(K_P + \frac{K_I}{s}\right) E_V(s)$$

$$E_V(s) = \frac{1}{1 + K_{v2} K_{CH}\left(K_P + \frac{K_I}{s}\right) \frac{\gamma}{s^2 + \alpha s + \beta}} V_{\omega ref}(s)$$

よって

$$\Omega = K_{CH}\left(K_P + \frac{K_I}{s}\right) \frac{\gamma}{s^2 + \alpha s + \beta} E_V$$

$$= \frac{K_{CH} K_P \gamma s + K_{CH} K_I \gamma}{s^3 + \alpha s^2 + (\beta + K_{v2} K_{CH} K_P \gamma)s + K_{v2} K_{CH} K_I \gamma} V_{\omega ref} \tag{7.36}$$

となる。■

図 7.21 は式(7.35)で表される DC モータの PI 制御系の伝達関数を示す。

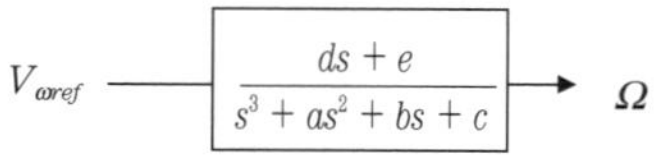

$$V_{\omega ref} \longrightarrow \boxed{\frac{ds + e}{s^3 + as^2 + bs + c}} \longrightarrow \Omega$$

図 7.21　DC モータの PI 制御系の伝達関数

回転数指令値 $v_{\omega ref}(t)$ に大きさ V_1 のステップ入力があったとし，十分時間が経ったときのフィルタの出力電圧 $v_\omega(\infty)$ は，P 制御の場合と同様にして

$$v_\omega(\infty) = \lim_{t \to \infty} v_\omega(t) = \lim_{s \to 0} s V_\omega = \lim_{s \to 0} s \frac{K_{v2}(ds + e)}{s^3 + as^2 + bs + c} \cdot \frac{V_1}{s}$$

$$= \frac{K_{v2} e}{c} V_1 = \frac{K_{v2} K_{CH} K_I \gamma}{K_{v2} K_{CH} K_I \gamma} V_1$$

$$= V_1 \tag{7.37}$$

となる。PI 制御では回転数指令値 $v_{\omega ref}$ と回転数電圧 v_ω の定常偏差は零とな

7.5 PI 制御

る。図 7.22 は図 7.3 の実験回路による制御結果である。図 7.5(a) を再掲してある。回転数指令電圧 $v_{\omega ref}$ がステップ的に変化して約 0.5 [s] 後には，回転数電圧 v_ω は $v_{\omega ref}$ に一致している。

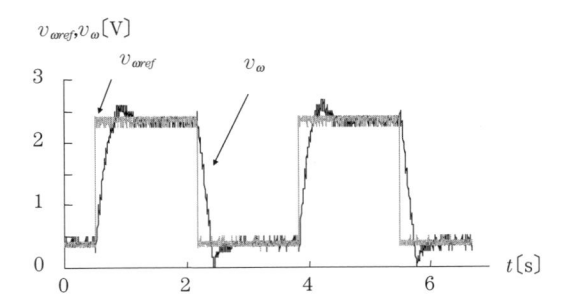

図 7.22 PI 制御による DC モータの制御結果 $K_P = 5$, $K_I = 106$
($R_1 = 20$ [kΩ], $R_2 = 100$ [kΩ], $C_1 = 0.47$ [μF])

積分器は，入力の誤差を積分して出力値を決める。このため，積分器の出力は $v_{\omega ref}$ と v_ω の誤差が零となった時点の PWM 制御回路への指令電圧 v_{ref} を保持する。モータは $v_{\omega ref}$ に相当する回転数を維持できる。

8 DCモータの駆動/ブレーキ

8.1 電気的ブレーキ

図 7.2 の降圧チョッパ回路による DC モータ駆動回路で

> 電気的ブレーキをかけるにはどうしたらよいか？

図 7.5 において回転数指令電圧 $v_{\omega ref}$ がステップ的に下がったとき，回転数電圧 v_ω は少し遅れて下がっている。この低下はチョッパ回路によりブレーキをかけられた結果ではなく，モータの摩擦などによるものである。

図 8.1 は降圧チョッパ回路による DC モータの回転数制御回路を示す。図 7.2 の回路の PI 制御回路，PWM 制御回路，フィルタ回路を省略した回路である。

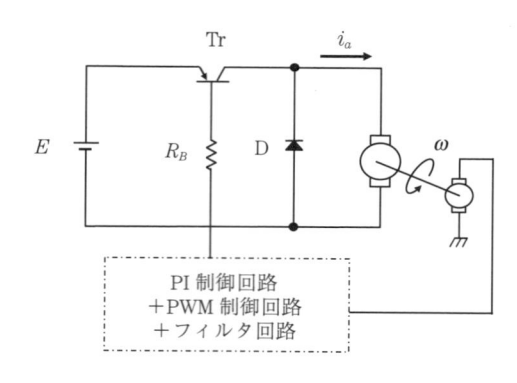

図 8.1 降圧チョッパ回路による DC モータの回転数制御回路

8.1 電気的ブレーキ

図 8.2 は回転数指令電圧 $v_{\omega ref}$ がステップ的に変化する場合の回転数電圧 v_ω と電機子電流 i_a の実験結果を示す。電機子電流には大きな脈動成分が載っているので，電機子電流検出には回転数検出と同様の一次遅れのフィルタを設けてある。図から，モータ減速時の期間 T_{dec} において，電機子電流 i_a は零となっていることがわかる。このことはモータ減速時には電気的なブレーキが働いていないことを意味する。

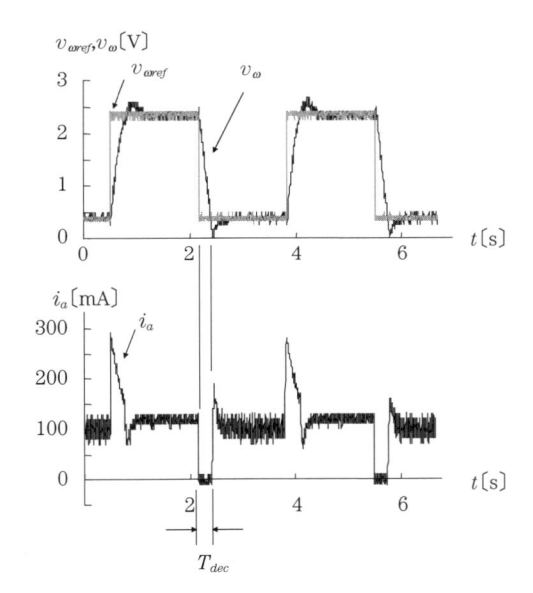

図 8.2 モータの回転数制御と電機子電流

電気的なブレーキをかけるには，電機子電流 i_a を駆動時とは逆方向に流せばよい。図 8.3 は DC モータの等価回路と降圧チョッパ回路を示す。期間 T_{dec} においてはモータの電機子起電力 E_a の電圧はモータの惰性回転によって発生している。この電圧を利用すれば，電機子電流 i_a を駆動時と反対向きに流すことができる。しかし，図 8.3 の回路にはその経路がない。

電機子電流 i_a を駆動時と反対方向に流せる回路の例を図 8.4 に示す。電源 E の電圧 V_E とモータの電機子起電力 E_a の電圧 V_a の間には $V_E > V_a$ の関係があるとする。駆動時とは逆方向に電機子電流 i_a を流すには，まず，Tr を

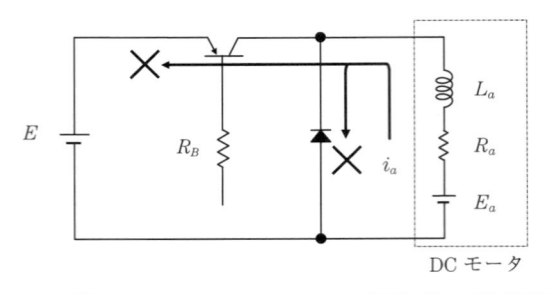

図 8.3 降圧チョッパによる DC モータ駆動回路の等価回路

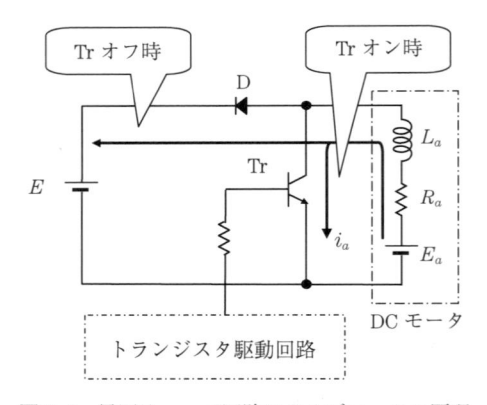

図 8.4 昇圧チョッパ回路によるブレーキの原理

オンにする。i_a は E_a により駆動時とは逆向きに流れ，モータのインダクタンス L_a には磁気エネルギーが蓄積される。次に Tr をオフにすると，L_a の作用により電機子起電力よりも電圧の高い電源 E に電流を流し込むことができる。この回路は 5.1 節の昇圧チョッパ回路である。ただし，この回路の電源は DC モータの電機子起電力 E_a であり，負荷は電源 E である。

電機子電流 i_a を駆動時とは逆方向に流すことで，モータには駆動力とは反対のブレーキ力を発生させることができる。このときモータおよびその負荷が持っている運動エネルギーは電気エネルギーに変換され，電源に戻される。このようにしてエネルギーを電源に返すことを**エネルギー回生**と呼ぶ。

8.2 ブレーキのかけられる回路

課題 8.1

降圧チョッパ回路と昇圧チョッパ回路を合体させよ。

[解答] 図 8.5 に降圧チョッパ回路と昇圧チョッパ回路の合体回路を示す。

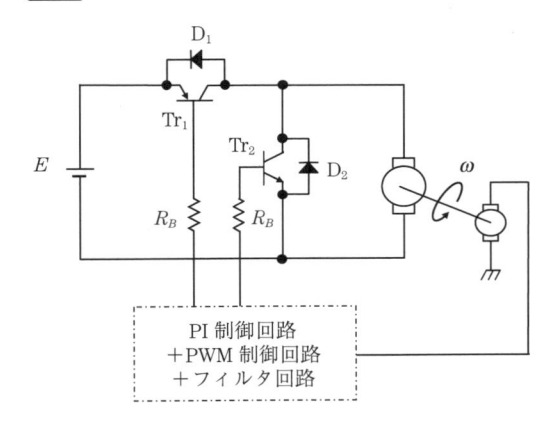

図 8.5 降圧チョッパと昇圧チョッパの合体回路

PWM 制御法は以下のようにすればよい。

$$v_{ref} \geq v_{tri} \text{ のとき} \quad \text{Tr}_1 \text{ オン}, \text{Tr}_2 \text{ オフ}$$
$$v_{ref} < v_{tri} \text{ のとき} \quad \text{Tr}_1 \text{ オフ}, \text{Tr}_2 \text{ オン}$$
(8.1)

ここで注意しなければならないことは，このオン期間においてトランジスタにコレクタ電流が流れるとは限らないことである。逆向きの電流がトランジスタと並列に接続されたダイオードを流れる場合もある。**以降，本書においてトランジスタ・オンの期間とはトランジスタにベース電流が供給され，そのトランジスタが導通可能状態にあることをいう**。図 8.5 の回路においては，トランジスタ Tr_1, Tr_2 のオン/オフおよび電機子電流 i_a の向きにより，電流経路は 4 通り存在する。図 8.6 にこれら 4 つの**動作モード**を示す。トランジスタはスイ

8. DCモータの駆動/ブレーキ

（a） $i_a > 0$, Tr_1 オン, Tr_2 オフ

（b） $i_a > 0$, Tr_1 オフ, Tr_2 オン

（c） $i_a < 0$, Tr_1 オン, Tr_2 オフ

（d） $i_a < 0$, Tr_1 オフ, Tr_2 オン

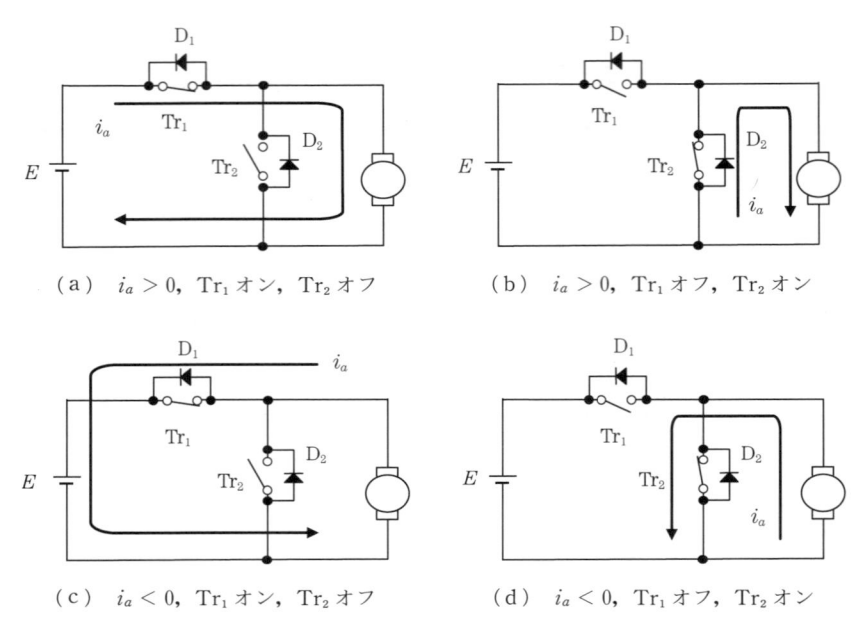

図 8.6 トランジスタのオン/オフと動作モード

ッチで模擬してある。

図(a)は $i_a > 0$, Tr_1 オン, Tr_2 オフであり, 電源 E がモータに電流を流している動作モードである。図(b)は $i_a > 0$, Tr_1 オフ, Tr_2 オンである。モータの電機子インダクタンス L_a が i_a を流し続けている動作モードであり, i_a は Tr_2 ではなく, ダイオード D_2 を流れている。図(c)は $i_a < 0$, Tr_1 オン, Tr_2 オフである。L_a と電機子起電力 E_a が i_a を電源 E に流し込んでいる状態であり, i_a は Tr_1 ではなく, D_1 を流れている。図(d)は $i_a < 0$, Tr_1 オフ, Tr_2 オンであり, Tr_2 がモータを短絡している状態であり, L_a に磁気エネルギーを蓄えている。図(a), (b)は駆動時のモードであり, 図(c), (d)はブレーキ時のモードである。

> **課題 8.2**
> 図 8.5 の回路において絶対にやってはいけないことはなにか？

解答 トランジスタ Tr_1，Tr_2 を同時にオンとしてはいけない。これは電源 E を短絡することであり，瞬時に大きな電流が流れてトランジスタ Tr_1，Tr_2 を破壊してしまう。∎

図 8.6(d) ではトランジスタ Tr_2 がモータを短絡している。しかし，このことがすぐに Tr_2 を破壊するわけではない。モータの中には電機子インダクタンス L_a があるため，電機子電流 i_a は急激には上昇しない。i_a が過剰に大きくなる前に余裕を持って Tr_2 をオフにすることができる。

8.3 電源短絡対策

図 8.5 の合体回路の抵抗 R_B に PWM 制御回路のオペアンプ出力端子を接続した回路を図 8.7 に示す。これにより式(8.1)の関係を実現できる。しかし，これはトランジスタ Tr_1，Tr_2 を同時にオンとしてしまう危険がある。なぜならば，例えばオペアンプ OP の出力電圧 v_{comp} が上昇する場合，Tr_2 は v_{comp} が $0.7\,[\mathrm{V}]$ を超えるあたりから導通可能（オン）となる。一方，Tr_1 は $V_E - v_{comp}$ が $0.7\,[\mathrm{V}]$ を下回るまで導通可能（オン）である。この間に Tr_1，Tr_2

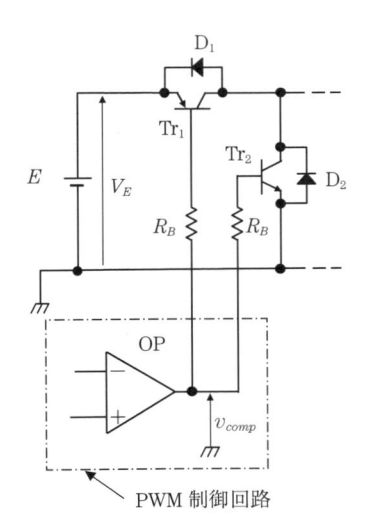

図 8.7 トランジスタ駆動回路
（電源短絡の危険あり）

が同時に導通可能（オン）となる期間が存在する。

このままでは

> Tr_1，Tr_2 が電源を短絡させてしまう。

電源短絡対策は次の2通りである。

（a） 1つのトランジスタのベース電流を流し終わる時刻ともう1つのトランジスタのベース電流を流し始める時刻の間に空白の期間（**デッドタイム**（dead time））を設ける。

（b） 図8.8のようなトランジスタのペアを用いる。

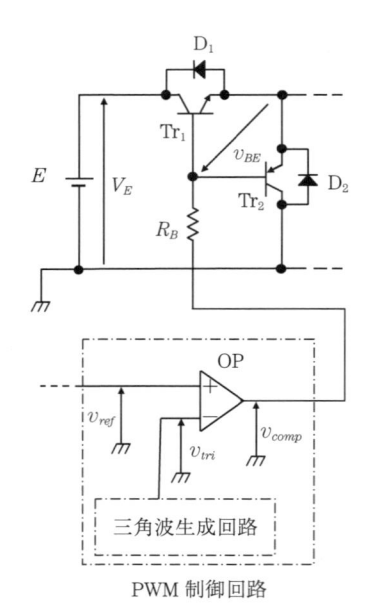

図8.8　トランジスタ駆動回路
（電源短絡対策あり）

大容量のチョッパ回路には対策(a)が施される。本書で紹介しているような小容量のものには対策(b)が簡便である。図8.8と図8.7の回路の違いはトランジスタ Tr_1，Tr_2 を入れ替えてある点とオペアンプOPの入力端子の±を入れ替えてある点である。この回路においては両トランジスタのベース-エミッタ間電圧 v_{BE} は共通である。これにより，式(8.1)のPWM制御法を実現でき

るとともに，電源短絡を防止できる。

$v_{ref} > v_{tri}$ において v_{comp} が電源 E よりも十分に高い電圧を出せば Tr_1 をオンかつ Tr_2 をオフにできる．また，$v_{ref} \leq v_{tri}$ において v_{comp} がグラウンド電位よりも十分に低い電圧を出せば Tr_1 をオフかつ Tr_2 をオンにできる．

図 8.9 にオペアンプ OP の出力電圧 v_{comp} が上昇する場合の，トランジスタ Tr_1，Tr_2 のオン/オフ遷移の様子を示す．この回路では，v_{comp} の上昇とともに，v_{BE} が $-0.7 [V]$ を上回った時点で Tr_2 がオフとなり，v_{BE} がさらに上昇して $+0.7 [V]$ を上回った時点で Tr_1 がオンとなるため，両トランジスタのオン状態が重複することを避けることができる．v_{BE} が下降する場合にも同様にして，オン状態の重複を避けることができる．

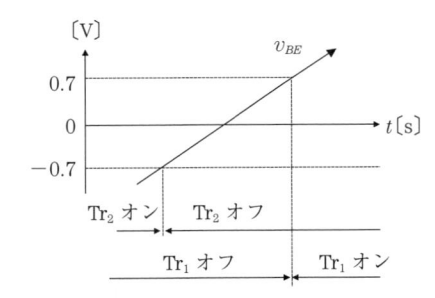

図 8.9 ベース-エミッタ間電圧と Tr_1，Tr_2 のオン/オフ

大容量の電力変換器では，v_{BE} が $-0.7 [V]$ を上回った時点でトランジスタ Tr_2 が瞬時にオフ状態とはならず，しばらく通電し続ける．その間に Tr_1 がオンすれば電源短絡となってしまう．Tr_2 がオフ状態になるに十分な時間的余裕（デッドタイム）をみて，Tr_1 をオンとするような工夫がトランジスタ駆動回路に必要となる．逆に Tr_1 オフ後に Tr_2 をオンとする場合にも，デッドタイムを設ける必要がある．

8.4 DC モータの駆動/ブレーキ

図 8.10 は降圧チョッパ回路と昇圧チョッパ回路を合体した，ブレーキ機能付き降圧チョッパ回路による DC モータの回転数制御回路である．**図 8.11** は

124　8. DCモータの駆動/ブレーキ

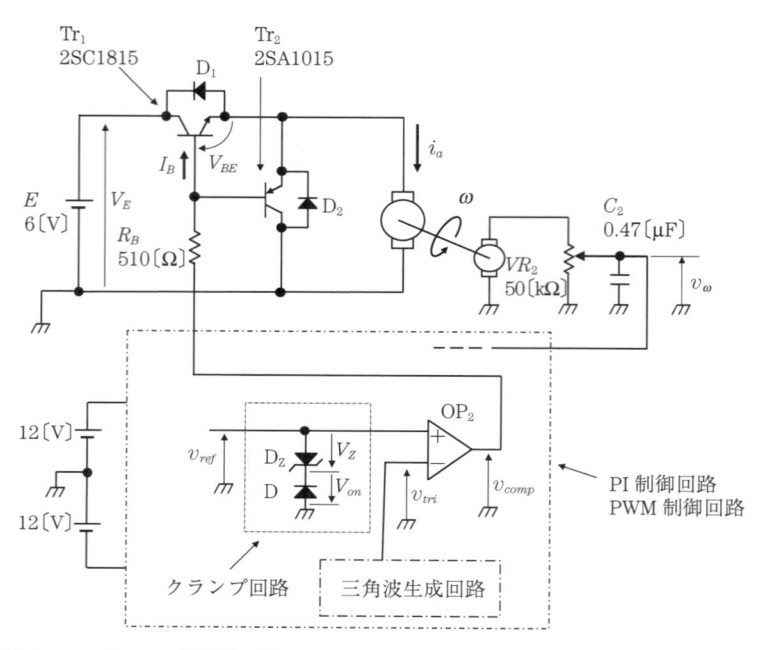

図 8.10　ブレーキ機能付き降圧チョッパ回路による DC モータの回転数制御回路

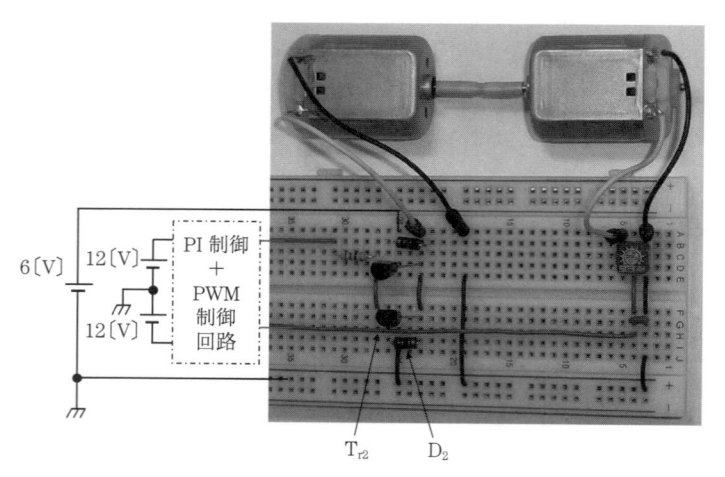

図 8.11　ブレーキ機能付き降圧チョッパ回路による
　　　　　DC モータの回転数制御回路（実験回路）

その実験回路であり，図 8.12 はその立体配線図である．PI 制御回路と PWM 制御回路は図 7.2 の回路を用いることができる．ただし，(1) オペアンプの電源電圧 ± V_{cc} = ± 12 [V] とし，(2) PWM 制御回路のオペアンプ OP_2 の入力端子の極性を反転し，(3) PWM 制御回路の指令電圧 v_{ref} にツェナーダイオード Dz とダイオード D からなる**クランプ回路**を設ける必要がある．(1)，(2) は 8.3 節の電源短絡対策のための回路変更である．

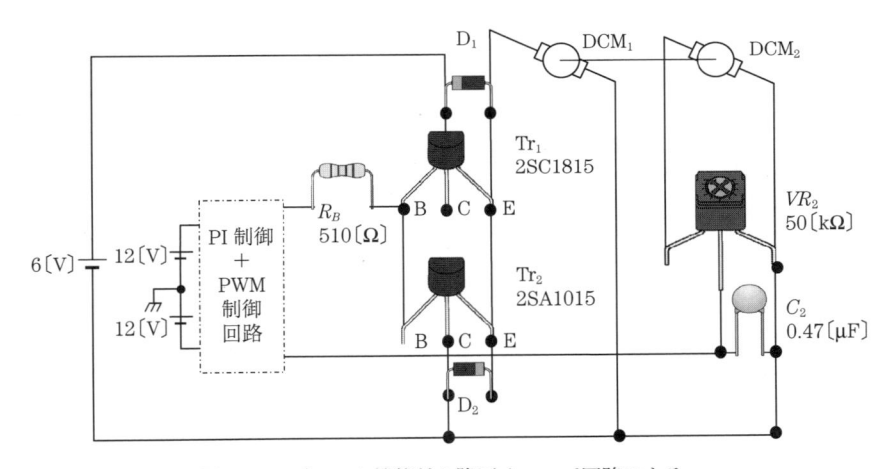

図 8.12 ブレーキ機能付き降圧チョッパ回路による
DC モータの回転数制御回路（立体配線図）

本節の回路では，図 7.2 の回路のようにオペアンプとチョッパ回路の電源を共通にしては，トランジスタ Tr_1 を駆動するに十分なベース電流を流すことができない．これは，オペアンプの出力電圧 v_{comp} の最大値がオペアンプの電源電圧 V_{cc} より低いことによる．4.2 節の考察より，Tr のオン時にはベース電流 $|I_B| > 5$ [mA] が望ましい．トランジスタ Tr_1 のオン時にエミッタ電位とコレクタ電位 (= V_E) が等しいとすれば，このときの v_{comp} は

$$v_{comp} > V_E + V_{BE} + R_B I_B \tag{8.2}$$

を満たせばよい．ただし，V_{BE} は Tr_1 のオン時のベース-エミッタ間電圧である．図 8.10 では，$V_E = 6$ [V]，$V_{BE} = 0.7$ [V]，$R_B = 510$ [Ω] より

$$v_{comp} > 9.3 \, [V]$$

である。オペアンプの電源電圧を $\pm V_{cc} = \pm 12\,[\text{V}]$ とすることでこの条件を満たすことができる。

（3）のクランプ回路は，ブレーキ時に指令電圧 v_{ref} と三角波電圧のピーク値 V_{tp} の関係が

$$v_{ref} > -V_{tp} \tag{8.3}$$

を満たすようにするためである。図 8.13 はクランプ回路の効果を模式的に示す。

(a) クランプ回路あり　　　　(b) クランプ回路なし

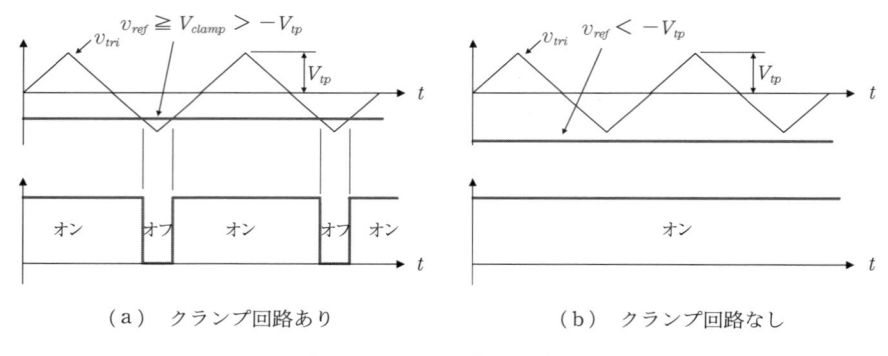

図 8.13　クランプ回路の効果

図(a)はクランプ回路ありの場合の指令電圧 v_{ref} と三角波電圧 v_{tri} の関係を示す。v_{ref} はクランプ回路により下限値が V_{clamp} で抑えられ，三角波電圧の負側のピーク値 $-V_{tp}$ より大きな値に保持される。これによりトランジスタ Tr_2 のオン/オフによるエネルギー回生を行うことができる。図(b)はクランプ回路がない場合の v_{ref} と v_{tri} の関係を示す。v_{ref} は $v_{ref} < -V_{tp}$ となることができ，ブレーキ期間中 Tr_2 はつねにオンとなってしまい，エネルギー回生はできない。

指令電圧 v_{ref} の下限値 V_{clamp} は，ツェナーダイオード D_z のツェナー電圧 V_z およびダイオード D のオン電圧 V_{on} により

$$V_{clamp} = -V_z - V_{on} \tag{8.4}$$

と与えられる。実験では $V_z = 3.3\,[\text{V}]$，$V_{on} = 0.3\,[\text{V}]$ のものを用いた。

なお，このクランプ回路はモータ駆動時には働かない。駆動時は $v_{ref} > V_{tp}$

となり,トランジスタ Tr_1 がつねにオンとなるが,この実験回路では支障はない。

図 8.14(a)は図 8.11 のブレーキ機能付きモータ制御回路による実験結果を示す。回転数指令電圧 $v_{\omega ref}$ をステップ的に変化させたときの,DC モータの回転数電圧 v_ω と電機子電流 i_a の測定結果である。$v_{\omega ref}$ がステップ的に下がったとき,電機子電流 i_a は負の値となり,モータにはブレーキがかかっている。図(b)にブレーキ機能なしの場合の結果を対比して示す。ブレーキ機能なしとするには,図 8.11 の回路からトランジスタ Tr_2 を抜き取ればよい。回転数指令電圧 $v_{\omega ref}$ がステップダウンしてから回転数電圧 v_ω が指令値と同じ値になるまでの時間を T_{dec} とすると,ブレーキなしの場合に T_{dec} が長くなっている。

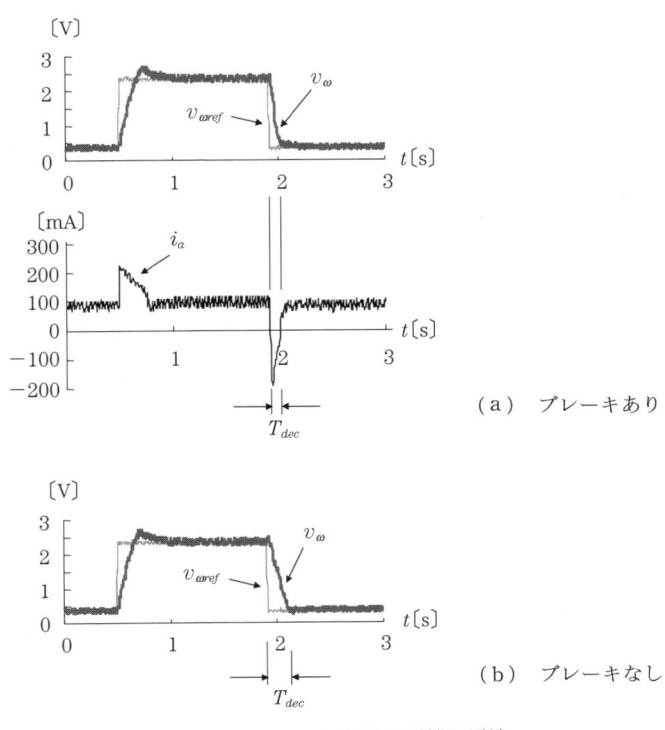

(a) ブレーキあり

(b) ブレーキなし

図 8.14 モータの回転数と電機子電流

9 ハーフブリッジインバータ

9.1 DCモータの正/逆転の駆動/ブレーキ

　図8.10の降圧チョッパと昇圧チョッパの合体回路によりDCモータの駆動/ブレーキを実現できた。では

> モータを逆回転させるにはどうしたらよいか？

　逆回転をさせるためにはDCモータに接続する電源の極性を変えなければならない。1つの方法は，図9.1に示すように8章の合体回路に新たに直流電源

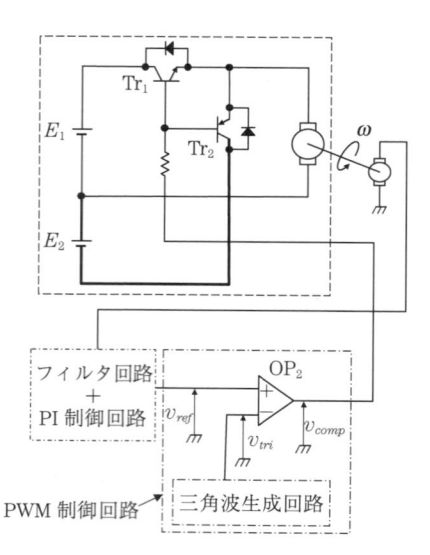

図9.1 逆転駆動を可能とするインバータによるモータ駆動

E_2 を付加して，E_2 の負側にトランジスタ Tr_2 のコレクタを接続すればよい。

課題 9.1

図 9.1 の破線で囲んだ部分の回路は**図 9.2** の回路に変形できることを確認せよ。

図 9.2 ハーフブリッジインバータ

図 9.2 の回路は**ハーフブリッジインバータ**と呼ばれる。図 9.2 の回路においてトランジスタ Tr_1 をオン，Tr_2 をオフとすれば出力電圧 v_o は正となり，逆に Tr_1 をオフ，Tr_2 をオンとすれば v_o は負となる。出力電圧には交流電圧を出力できることになり，直流電圧から交流電圧を得ることのできる変換器はインバータと呼ばれる。ハーフブリッジの名前の由来は 10.2 節に述べる。実験回路は，図 8.11 の回路に図 9.1 の太線で示した部分の変更を施すだけで容易に作成できる。

PWM 制御法は 8.2 節のブレーキ機能付き降圧チョッパ回路の場合と同じであり

$$v_{ref} \geq v_{tri} \text{ のとき } Tr_1 \text{ オン}, Tr_2 \text{ オフ} \tag{9.1}$$
$$v_{ref} < v_{tri} \text{ のとき } Tr_1 \text{ オフ}, Tr_2 \text{ オン}$$

とすればよい。PWM 波形生成例を**図 9.3** に示す。

図 9.1 における指令電圧 v_{ref} は三角波電圧 v_{tri} と比較され PWM 波形 v_{comp} が生成される。三角波電圧の振幅を V_{tp} とする。$v_{ref} \geq v_{tri}$ のとき，$v_{comp} = +V$ となり，$v_{ref} < v_{tri}$ のとき，$v_{comp} = -V$ となる。$v_{comp} = +V$ のときトランジスタ Tr_1 はオン，Tr_2 はオフであり，$v_{comp} = -V$ のとき Tr_1 はオ

9. ハーフブリッジインバータ

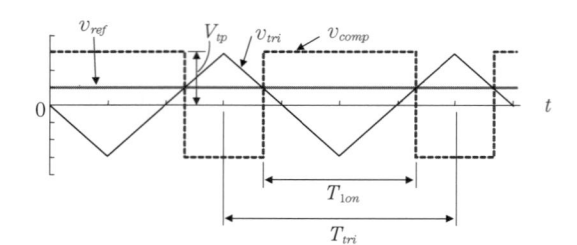

図 9.3 PWM 波形生成

フ，Tr_2 はオンである．トランジスタ Tr_1 のオンの期間を T_{1on} とし，三角波電圧の繰返し周期 T_{tri} との比をトランジスタ T_{r1} の通流率 $\delta_1 = T_{1on}/T_{tri}$ とすると

$$
\begin{aligned}
v_{ref} &= V_{tp} & \text{のとき} \quad \delta_1 &= 1 \\
v_{ref} &= 0 & \text{のとき} \quad \delta_1 &= 0.5 \\
v_{ref} &= -V_{tp} & \text{のとき} \quad \delta_1 &= 0
\end{aligned}
\tag{9.2}
$$

となる．

課題 9.2

δ_1 と $\dfrac{v_{ref}}{V_{tp}}$ の関係を求めよ．

[解答]
$$\delta_1 = \frac{1}{2}\left(\frac{v_{ref}}{V_{tp}} + 1\right) \tag{9.3}$$

課題 9.3

図 9.2 においてインバータの出力電圧 v_o の平均値 $\overline{v_o}$ と通流率 δ_1 の関係および $\overline{v_o}$ と指令電圧 v_{ref} との関係を求めよ．ただし，電源 E_1，E_2 の電圧をいずれも V_E とする．

[解答]
$$
\begin{aligned}
\delta_1 &= 1 & \text{のとき} \quad \overline{v_o} &= V_E \\
\delta_1 &= 0.5 & \text{のとき} \quad \overline{v_o} &= 0 \\
\delta_1 &= 0 & \text{のとき} \quad \overline{v_o} &= -V_E
\end{aligned}
\tag{9.4}
$$

であるので

$$\overline{v_o} = (2\delta_1 - 1)V_E$$
$$= \frac{v_{ref}}{V_{tp}} V_E \qquad (9.5)$$

となる。 ∎

ハーフブリッジインバータ回路のゲイン K_{INV} は

$$\overline{v_o} = K_{INV} v_{ref} \qquad (9.6)$$

より

$$K_{INV} = \frac{V_E}{V_{tp}} \qquad (9.7)$$

と求められる。

9.2 ハーフブリッジインバータの動作モード

図 9.2 の回路において電機子電流 i_a が正であるときにモータに働く駆動力の方向を正回転の方向とし，正回転の方向にモータが回っているときを正転，逆方向のときを逆転と呼ぶ。

ハーフブリッジインバータには出力電圧 v_o と出力電流（この図の場合は電機子電流）i_a の向きにより図 9.4 に示す 4 つの動作モードがある。図(a)は $i_a > 0$，Tr_1 オン，Tr_2 オフであり，電源 E_1 からモータに i_a が流れている。図(b)は $i_a > 0$，Tr_1 オフ，Tr_2 オンである。電機子インダクタンスが i_a を E_2 に流している状態である。このとき i_a はトランジスタ Tr_2 ではなく，ダイオード D_2 を流れている。図(c)は $i_a < 0$，Tr_1 オン，Tr_2 オフである。電機子インダクタンスが i_a を E_1 に流している状態であり，i_a は Tr_1 ではなく，D_1 を流れている。図(d)は $i_a < 0$，Tr_1 オフ，Tr_2 オンであり，E_2 からモータに i_a が流れている。

モータが正転のとき図(a)，(b)はモータ駆動のモードであり，図(c)，(d)はモータにブレーキがかけられているモードである。逆転のときは，図(a)，(b)はブレーキのモードとなり，図(c)，(d)は駆動のモードとなる。

(a) $i_a > 0$, Tr_1 オン, Tr_2 オフ

(b) $i_a > 0$, Tr_1 オフ, Tr_2 オン

(c) $i_a < 0$, Tr_1 オン, Tr_2 オフ

(d) $i_a < 0$, Tr_1 オフ, Tr_2 オン

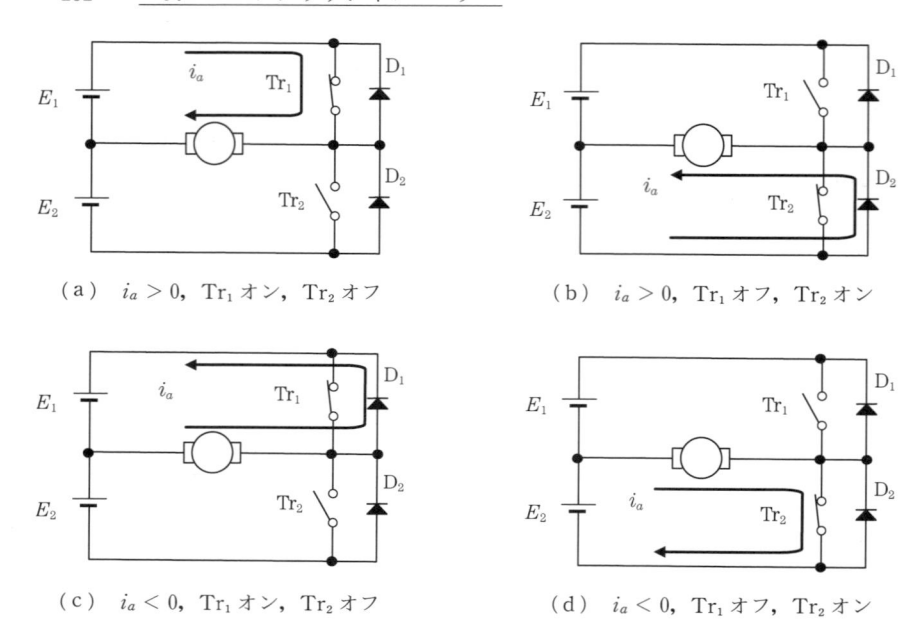

図 9.4 ハーフブリッジインバータの 4 つの動作モード

図 9.5 はハーフブリッジインバータによる DC モータの回転数制御回路である。電源 E_1, E_2 の電圧 V_E はいずれも 6 [V] とし,オペアンプ回路の電源電圧 $\pm V_{cc} = \pm 12$ [V] とした。また,PI 制御回路は図 7.2 と同じものを用いた。比例ゲイン,積分ゲインも 7.1 節の実験における値をそのまま用いた。PWM 制御回路は,図 8.10 のクランプ回路を外したものを用いた。

図 9.6 は回転数指令電圧 $v_{\omega ref}$ と回転数電圧 v_ω および電機子電流 i_a の実験波形である。$-v_{\omega ref}$ は -2 [V],$+2$ [V] の 2 値をステップ的に変化させて与え,正転,逆転の指令電圧とした。$v_{\omega ref}$ のステップ的な変化の直後に発生するモードを図 9.4 の各モードと対応づけて示してある。例えば,図中で指令電圧 $v_{\omega ref}$ が -2 [V] から 2 [V] にステップ的に上昇しているときを見てみる(実際は $-v_{\omega ref}$ が 2 [V] から -2 [V] に変化している。$-v_{\omega ref}$ の極性を反転し,指令電圧 $v_{\omega ref}$ と回転数電圧 v_ω を重ねて表示することで,両者の差を見

9.2 ハーフブリッジインバータの動作モード

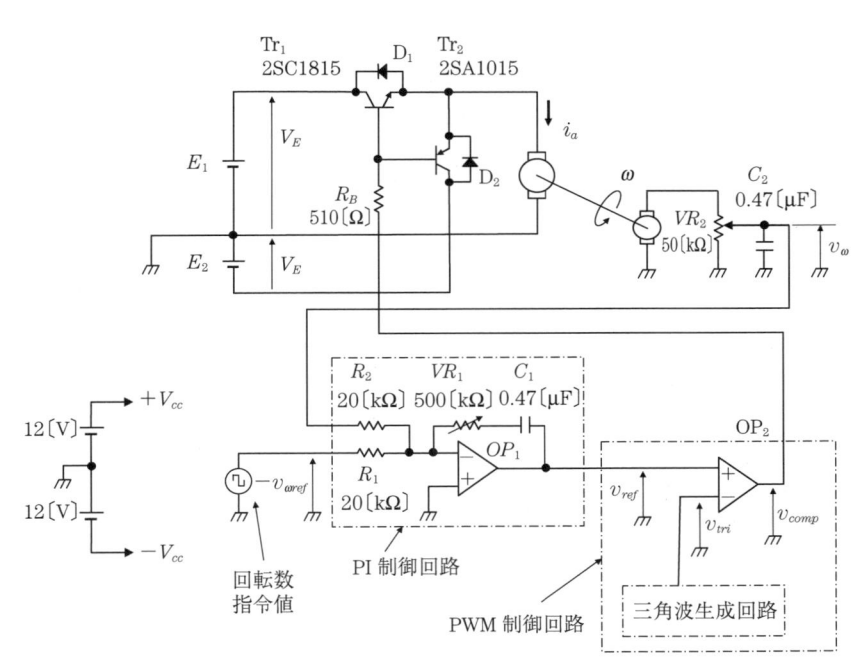

図 9.5 ハーフブリッジインバータによる DC モータの回転数制御回路

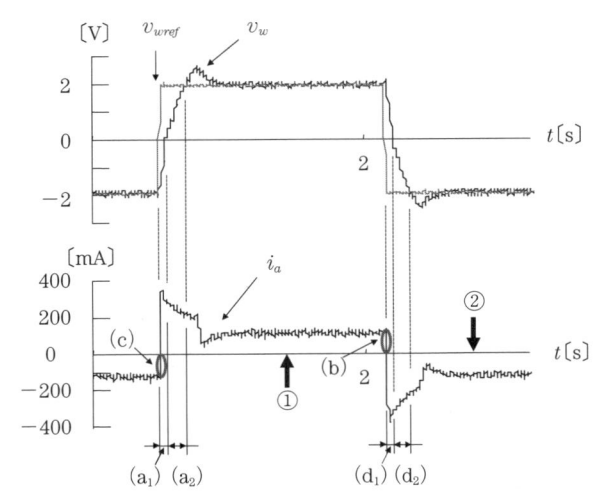

図 9.6 ハーフブリッジインバータによる DC モータ駆動の実験波形

やすくしてある)。この変化の直前までモータは逆転していた。

指令値の変化直後は図 9.4(c) の逆転・駆動のモードが維持される (図 9.6 の楕円で囲った波形(c)の期間) が，この期間はごく短い。電機子電流 i_a は 1 [ms] も経たない時間で正となり，その後は図 9.4(a) の逆転・ブレーキのモードとなる (図 9.6 の(a_1) の期間)。その後モータは正転に転じて，インバータは同じ(a)の動作モードではあるが，正転・駆動のモードへと移行している((a_2) の期間)。この間，PWM 制御回路の指令電圧 v_{ref} は，クランプ回路がないため，三角波電圧のピーク値 V_{tp} に対して $v_{ref} > V_{tp}$ の関係にあり，PWM 制御回路の出力電圧 v_{comp} が上限値にあることで，Tr_1 オン，Tr_2 オフの状態が維持されている。

> **課題 9.4**
>
> 図 9.5 において回転数指令電圧 $v_{\omega ref}$ が 2 [V] から −2 [V] にステップ的に変化したときに発生するモードとトランジスタのオン，オフ状態について述べよ。

[解答] 図 9.5 中で指令電圧 $v_{\omega ref}$ が 2 [V] から −2 [V] に変化したときは，変化直後のわずかな期間 (図 9.6 の楕円で囲った波形(b)の期間) は図 9.4(b) の正転・駆動のモードが維持され，その後図 9.4(d) の正転・ブレーキのモードに移行している (図 9.6 の(d_1) の期間)。その後にモータは逆転に転じて，(d) の逆転・駆動のモードが発生している ((d_2) の期間)。この間，$v_{ref} < -V_{tp}$ の関係にあり，v_{comp} が下限値にあることで，Tr_1 オフ，Tr_2 オンの状態が継続している。 ■

モータの回転数電圧 v_ω が回転数指令電圧 $v_{\omega ref}$ とほぼ一致した時点からは，$|v_{ref}| < V_{tp}$ となり，PWM 制御が再開されている。例えば，図 9.6 の①の時点のインバータの出力電圧 v_o を観測したところ**図 9.7** に示す波形が得られた。図 9.6 に対して時間軸を拡大してある。この時点において，電機子電流 i_a は正であるので，図 9.4(a)，(b) のモードが交互に現れていることがわかる。いずれも正転・駆動のモードである。

9.2 ハーフブリッジインバータの動作モード　135

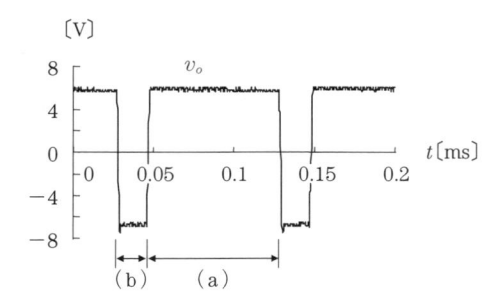

図 9.7　ハーフブリッジインバータの出力電圧（図 9.6 の①の時点）

課題 9.5

図 9.6 の②の時点におけるインバータの出力電圧と発生するモードについて述べよ。

解答　この時点におけるインバータの出力電圧 v_o の波形を**図 9.8** に示す。この時点において，電機子電流 i_a は負であるので，図 9.4(c)，(d) の逆転・駆動のモードが交互に現れていることがわかる。

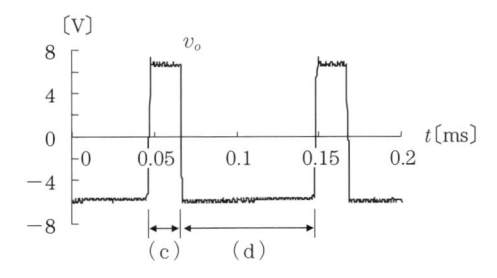

図 9.8　ハーフブリッジインバータの出力電圧（図 9.6 の②の時点）

10 フルブリッジインバータ

10.1 正転用チョッパ回路と逆転用チョッパ回路の合体

図 9.2 のハーフブリッジインバータにより DC モータの正転/逆転の駆動/ブレーキを実現できた。しかし，この回路では直流電源を 2 つ必要とする。

> 直流電源を 1 つにするにはどうしたらよいか？

課題 10.1

図 10.1 は正転の駆動/ブレーキ用チョッパ回路と逆転の駆動/ブレーキ用チョッパ回路を示す。両者の回路でモータの接続は反対にしてある。電源 E を共有した合体回路として**図 10.2** のフルブリッジインバータを構成できることを確認せよ。

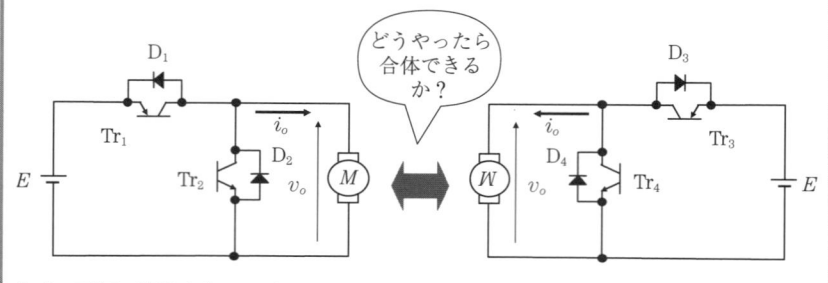

(a) 正転の駆動/ブレーキ用チョッパ　　(b) 逆転の駆動/ブレーキ用チョッパ

図 10.1 正転用チョッパと逆転用チョッパ

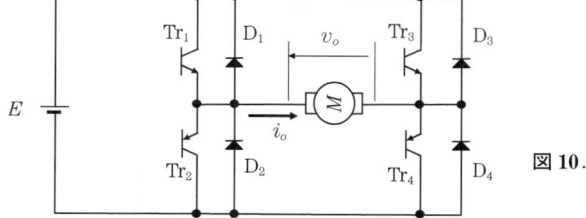

図 10.2　フルブリッジインバータ

10.2　PWM 制御法 I

　図 10.2 の回路は，トランジスタ Tr_3 をオフ，Tr_4 をオンに保ち，Tr_1，Tr_2 のオン/オフを制御すれば正転の駆動/ブレーキ用チョッパ回路として働く。また，Tr_1 をオフ，Tr_2 をオンに保ち，Tr_3，Tr_4 のオン/オフを制御すれば逆転用チョッパ回路として働く。この回路は直流電源 1 つで DC モータの正転/逆転の駆動とブレーキを可能とする。これはブリッジ回路を構成している。図 10.2 のインバータはブリッジの 4 辺にトランジスタ・ダイオードのスイッチを持つので，**フルブリッジインバータ**と呼ばれる。図 9.2 のインバータは半分の 2 辺にのみスイッチを持つのでハーフブリッジインバータと呼ばれる。

　上記のようにモータの正転/逆転に応じてトランジスタの制御を切り替える方式は制御が煩雑となり望ましくない。単純なルールで正転/逆転の駆動とブレーキを実現できる方式が望ましい。この PWM 制御法は以下のルールで実現できる。

$$\begin{array}{ll} v_{ref} \geqq v_{tri} \text{ のとき} & Tr_1 \text{ オン}, Tr_2 \text{ オフ} \\ & Tr_3 \text{ オフ}, Tr_4 \text{ オン} \\ v_{ref} < v_{tri} \text{ のとき} & Tr_1 \text{ オフ}, Tr_2 \text{ オン} \\ & Tr_3 \text{ オン}, Tr_4 \text{ オフ} \end{array} \quad (10.1)$$

この制御法を **PWM 制御法 I** とする。この PWM 制御回路を**図 10.3** に示す。図においてオペアンプ OP_1，OP_2 の入力端子の極性はそれぞれ異なっている。なお，この回路では負荷にはモータではなく $R\text{-}L$ 負荷を接続してある。

10. フルブリッジインバータ

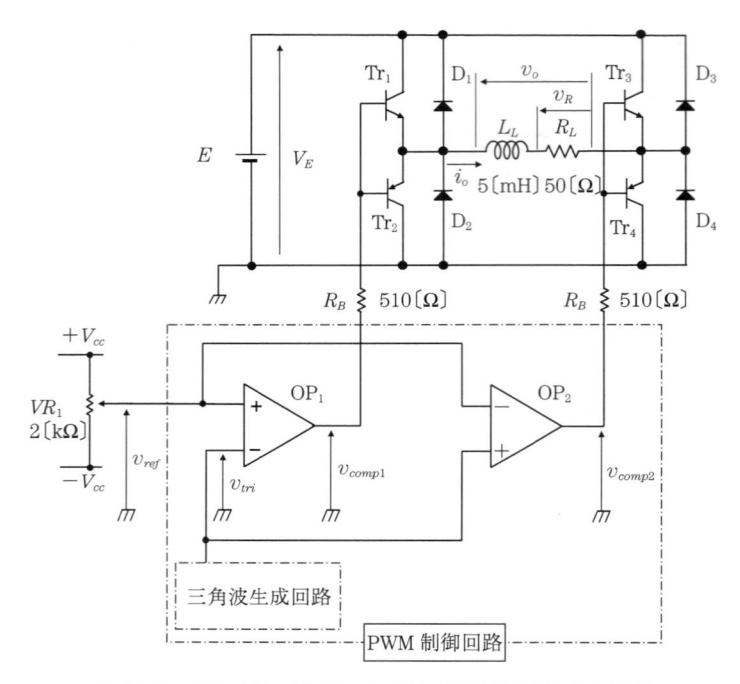

図10.3 フルブリッジインバータと PWM 制御法 I の回路

PWM 波形例を**図10.4**に示す。これは指令電圧 v_{ref} が正の場合である。指令電圧 v_{ref} と三角波電圧 v_{tri} の比較により，PWM 波形 v_{comp1}，v_{comp2} が生成される。三角波電圧の振幅を V_{tp} とする。$v_{ref} \geqq v_{tri}$ のとき，$v_{comp1} = V$，$v_{comp2} = -V$ となり，$v_{ref} < v_{tri}$ のとき，$v_{comp1} = -V$，$v_{comp2} = V$ となる。$v_{ref} \geqq v_{tri}$ のとき，トランジスタ Tr_1，Tr_4 はオン，Tr_2，Tr_3 はオフ，$v_{ref} < v_{tri}$ のとき，Tr_1，Tr_4 はオフ，Tr_2，Tr_3 はオンとなる。これは式(10.1)のスイッチングである。

トランジスタ Tr_1，Tr_4 のオンの期間を T_{14on} とし，三角波電圧の周期 T_{tri} との比を通流率 $\delta_{14} = T_{14on}/T_{tri}$ とすると，次式となる。

$$
\begin{aligned}
v_{ref} &= V_{tp} \quad \text{のとき} \quad \delta_{14} = 1 \\
v_{ref} &= 0 \quad \text{のとき} \quad \delta_{14} = 0.5 \\
v_{ref} &= -V_{tp} \quad \text{のとき} \quad \delta_{14} = 0
\end{aligned} \tag{10.2}
$$

10.2 PWM 制御法 I

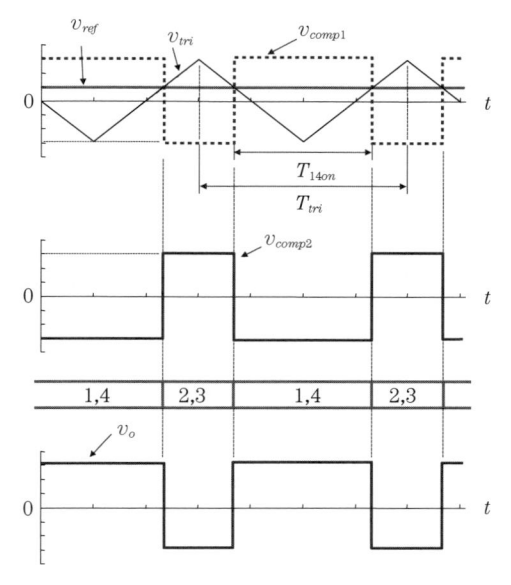

図 10.4 PWM 制御法 I と出力電圧（指令電圧 v_{ref} が正の場合）

課題 10.2

δ_{14} と $\dfrac{v_{ref}}{V_{tp}}$ の関係を求めよ。

[解答]

$$\delta_{14} = \frac{1}{2}\left(\frac{v_{ref}}{V_{tp}} + 1\right) \tag{10.3}$$

課題 10.3

図 10.3 においてインバータの出力電圧 v_o の平均値 $\overline{v_o}$ と通流率 δ_{14} の関係および $\overline{v_o}$ と指令電圧 v_{ref} との関係を求めよ。ただし，電源 E の電圧を V_E とする。

解答

$$\delta_{14} = 1 \quad \text{のとき} \quad \overline{v_o} = V_E$$
$$\delta_{14} = 0.5 \quad \text{のとき} \quad \overline{v_0} = 0 \quad (10.4)$$
$$\delta_{14} = 0 \quad \text{のとき} \quad \overline{v_0} = -V_E$$

であるので

$$\overline{v_o} = (2\delta_{14} - 1)V_E$$
$$= \frac{v_{ref}}{V_{tp}} V_E \quad (10.5)$$

となる。 ∎

課題 10.4

指令電圧が負の場合の三角波電圧 v_{tri} と指令電圧 v_{ref} を**図 10.5** に示す。図 10.4 を参照に，図 10.5 を完成せよ。

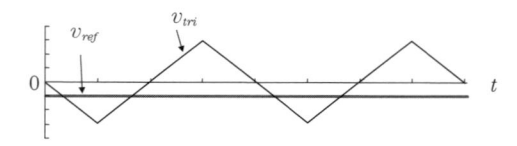

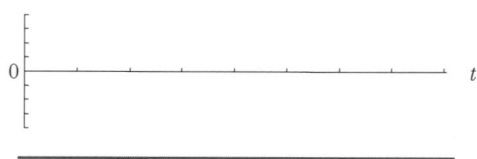

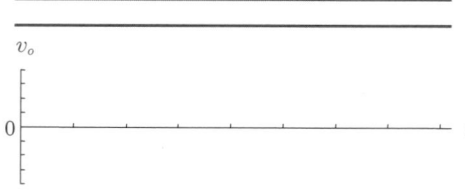

図 10.5 PWM 制御と出力電圧
(指令電圧 v_{ref} が負の場合)

解答 図 10.6 に示す。

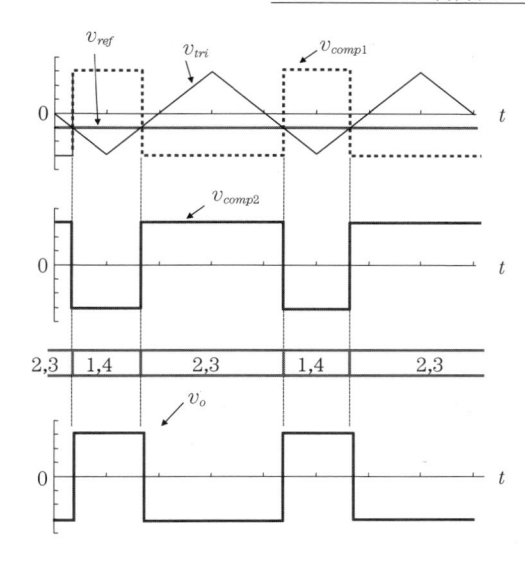

図 10.6 PWM 制御法 I と出力電圧（指令電圧 v_{ref} が負の場合）

フルブリッジインバータ回路のゲイン K_{INV} は

$$\overline{v_o} = K_{INV} v_{ref} \tag{10.6}$$

より

$$K_{INV} = \frac{V_E}{V_{tp}} \tag{10.7}$$

と求められる。

10.3 PWM 制御法 I による動作モード

図 10.2 のインバータに PWM 制御法 I を適用すると，トランジスタ Tr_1, Tr_2, Tr_3, Tr_4 のオン/オフと出力電流 i_o の向きにより **図 10.7** に示す 4 つの動作モードが生起する。図(a)は $i_o > 0$, Tr_1, Tr_4 オン, Tr_2, Tr_3 オフであり，電源 E から負荷に電流 i_o が流れている。図(c)においてトランジスタのオン/オフは図(a)と同じであるが，$i_o < 0$ の場合である。i_o はトランジスタ Tr_1, Tr_4 ではなく，ダイオード D_1, D_4 を流れている。これは負荷から電

142　　　10. フルブリッジインバータ

(a) $i_o > 0$, Tr_1, Tr_4 オン, Tr_2, Tr_3 オフ

(b) $i_o > 0$, Tr_1, Tr_4 オフ, Tr_2, Tr_3 オン

(c) $i_o < 0$, Tr_1, Tr_4 オン, Tr_2, Tr_3 オフ

(d) $i_o < 0$, Tr_1, Tr_4 オフ, Tr_2, Tr_3 オン

図 10.7　PWM 制御法 I による 4 つの動作モード

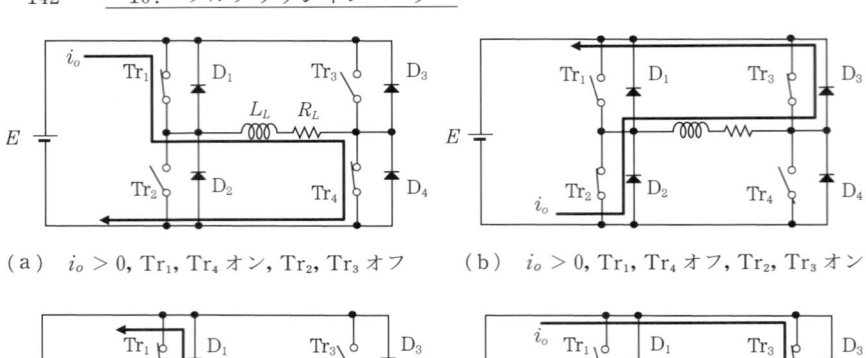

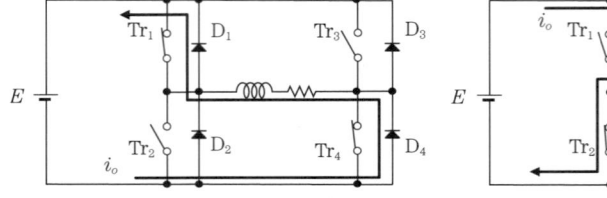

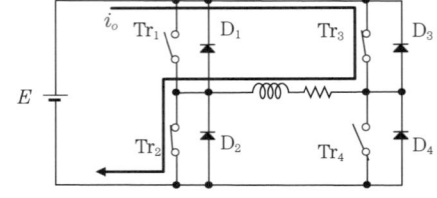

源にエネルギーが回生されるモードである。図(b), (d)も同様にして電流の経路を確認できる。

　図 10.8 は図 10.3 のフルブリッジインバータの実験回路である。この回路ではインバータの負荷には抵抗と**図 10.9** に示すインダクタを用いている。図は左がインダクタを横から見た写真であり，右が上から見たものである。インダ

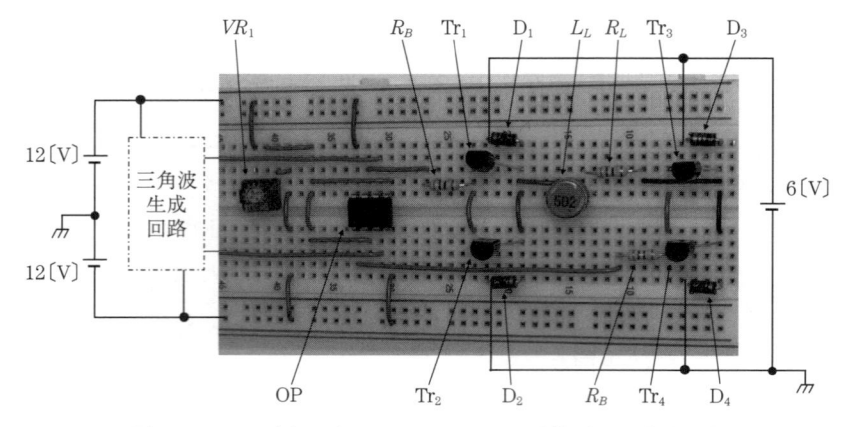

図 10.8　フルブリッジインバータと PWM 制御法 I の実験回路

10.3 PWM 制御法 I による動作モード

502
= 50×10²〔μH〕
= 5〔mH〕

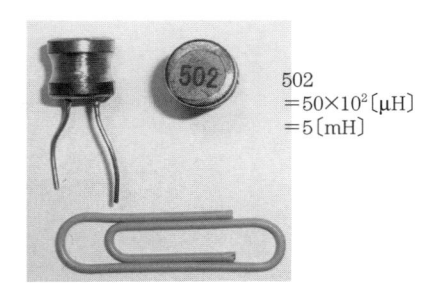

図 10.9 インダクタ

クタの上面のラベルはインダクタンスの値である。この例では $502 = 50 \times 10^2$〔μH〕$= 5$〔mH〕である。

図 10.10 に立体配線図を示す。この回路による出力電圧 v_o および出力電流 i_o の実験結果を**図 10.11** に示す。図中に図 10.7 のフルブリッジインバータの動作モード（ a ）〜（ d ）が現れている期間をそれぞれ示してある。この実験において，三角波電圧の繰返し周期 $T_{tri} = 100$〔μs〕とした。負荷インダクタンス $L_L = 5$〔mH〕，負荷抵抗 $R_L = 50$〔Ω〕を用いたので，負荷の時定数 T_L は

$$T_L = \frac{L_L}{R_L} = \frac{5 \times 10^{-3}}{50} = 100\,〔\mu s〕 \tag{10.8}$$

である。T_{tri} と T_L は同じ値であり，このことから i_o の波形には飽和の傾向が現れている。

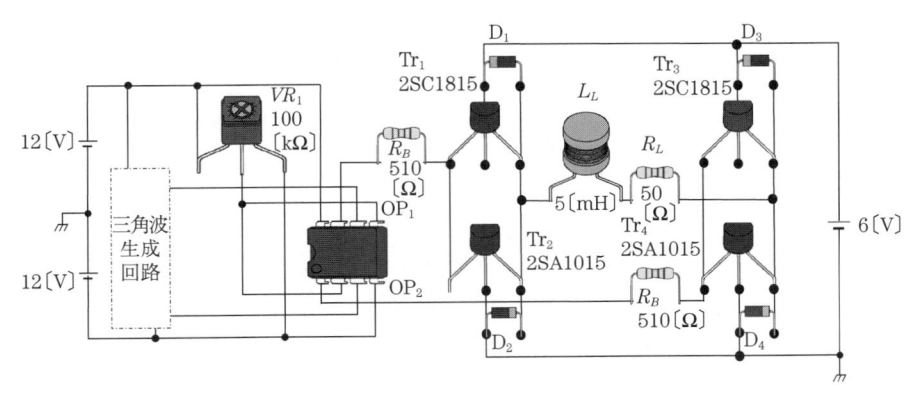

図 10.10 フルブリッジインバータと PWM 制御法 I の立体配線図

図 10.11　PWM 制御法 I の出力電圧・電流

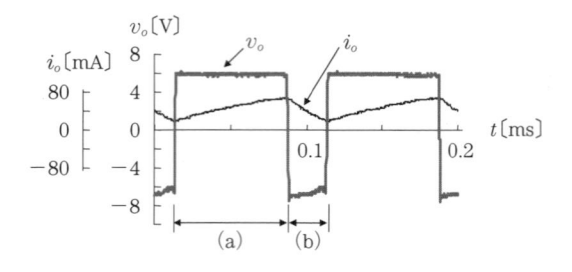

(a) 電圧指令値 $v_{ref} > 0$ のとき

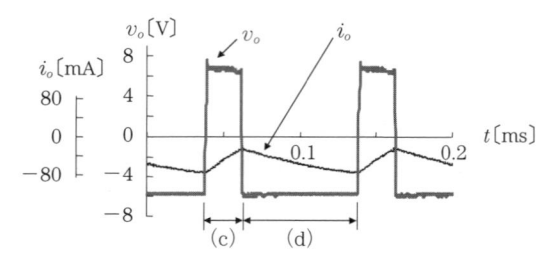

(b) 電圧指令値 $v_{ref} < 0$ のとき

10.4　交流電圧の出力

10.3 節までは直流電圧の制御を目的としてきた．しかし，世の中には交流電源を必要とする負荷が数多くある．そこで

交流電圧を出力するにはどうしたらよいだろうか？

それには，図 10.3 のフルブリッジインバータにおいて，指令電圧 v_{ref} に交流信号を与えればよい．**図 10.12(a)** は，図 10.8 の実験回路において，指令電圧 v_{ref} を周波数 $f_{ref} = 3.33$ [kHz] の正弦波信号としたときの，出力電圧 v_o と負荷抵抗 R_L の両端電圧 v_R の実験波形を示す．抵抗の両端電圧 v_R は出力電流 i_o に比例する．ただし，三角波電圧の繰返し周波数 $f_{tri} = 10$ [kHz] とし，負荷インダクタンス $L_L = 5$ [mH]，負荷抵抗 $R_L = 50$ [Ω] を用いた．また，インバータの電源電圧 $V_E = 6$ [V] とした．図(b)はシミュレーション結果である．指令電圧 v_{ref} の周波数 f_{ref} と三角波電圧の繰返し周波数 f_{tri} の比 $f_{ref}/$

10.4 交流電圧の出力

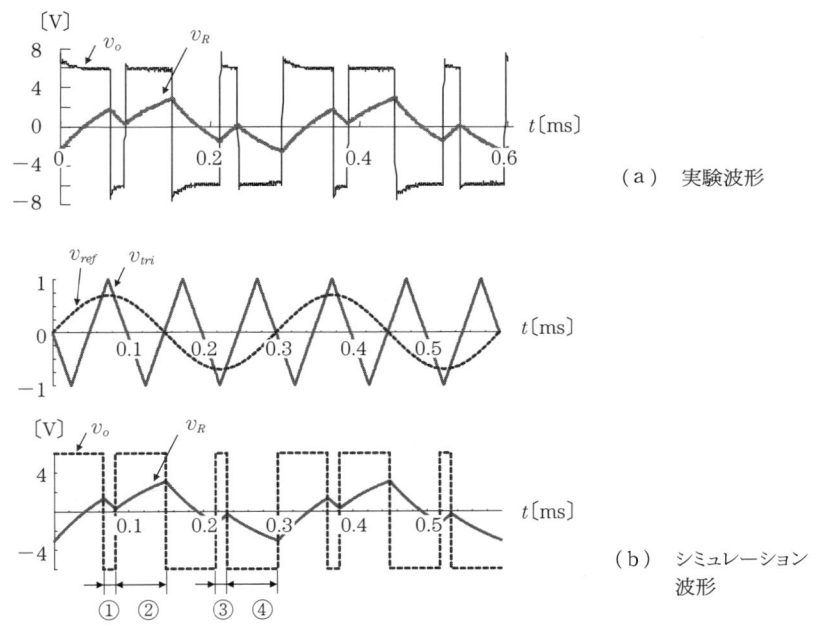

図10.12 PWM制御法Ⅰの出力電圧・電流 ($f_{ref}/f_{tri} = 1/3$)

(a) 実験波形

(b) シミュレーション波形

$f_{tri} = 1/3$，指令電圧の振幅 V_{refm} と三角波電圧のピーク値 V_{tp} の比 $V_{refm}/V_{tp} = 7/10$ とした。シミュレーション波形は実験波形とよく一致している。

> **課題 10.5**
>
> 図 10.12 の図中①〜④の期間において生起している動作モードは，図 10.7 の 4 つの動作モードのいずれか。

[解答] ①:(b)，②:(a)，③:(c)，④:(d) ■

指令電圧と三角波電圧の周波数比 f_{ref}/f_{tri} を小さくした。**図 10.13** は $f_{ref}/f_{tri} = 1/9$ ($f_{ref} = 1.11$ [kHz]) とした場合の実験波形とシミュレーション波形である。**図 10.14** は $f_{ref}/f_{tri} = 1/27$ ($f_{ref} = 370$ [Hz]) とした場合のシミュレーション波形である。

図 10.12〜図 10.14 に示すように，周波数比 f_{ref}/f_{tri} が小さくなる (f_{ref} が

10. フルブリッジインバータ

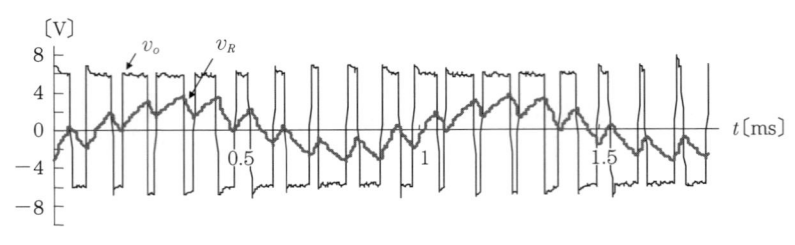

(a) 実験波形

(b) シミュレーション波形

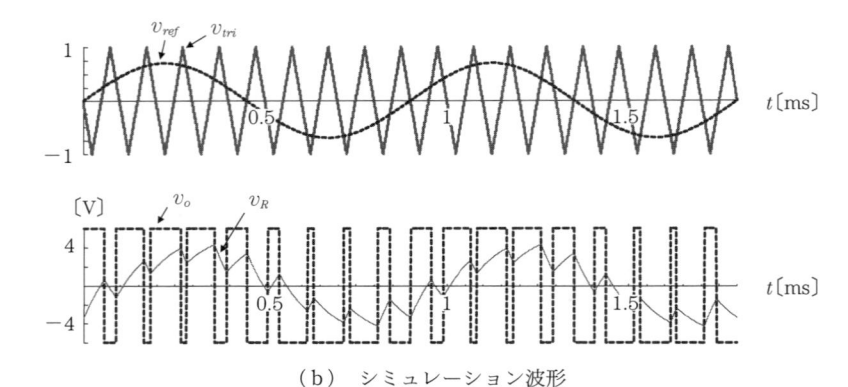

図 10.13 PWM 制御法 I の出力電圧・電流 ($f_{ref}/f_{tri} = 1/9$)

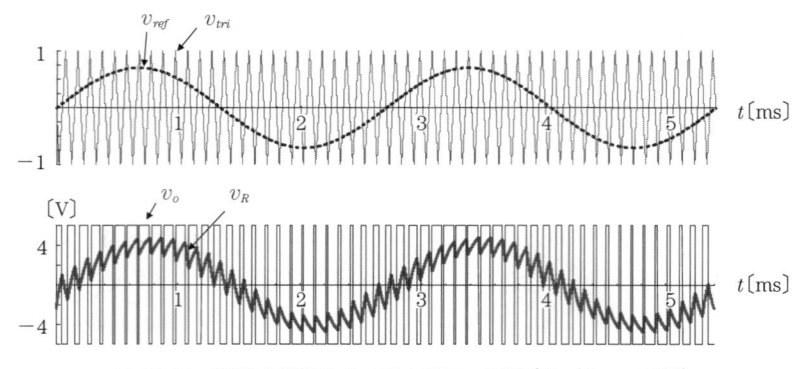

図 10.14 PWM 制御法 I の出力電圧・電流 ($f_{ref}/f_{tri} = 1/27$)

低くなる）につれて，負荷抵抗の両端電圧 v_R が正弦波に近い波形になっている．これは，R-L 負荷が出力電圧に対してローパスフィルタとして働いているため，高周波である方形波成分が除去され，低周波の指令電圧成分が残った結果である．

指令電圧を交流にした図 10.12～図 10.14 の結果は，正弦波信号 v_{ref} により方形波列のパルス幅を変調したものである．PWM 制御法の名前は，通信の分野における PWM（pulse width modulation，パルス幅変調）に由来する．この信号変調の視点から，三角波電圧の繰り返し周波数 f_{tri} は**キャリヤ**（carrier）**周波数**と呼ぶ．図 10.12～図 10.14 の例ではキャリヤ周波数は 10〔kHz〕であった．

10.5　インバータのシミュレーション

（a）　解法 1　図 10.12～図 10.14 のシミュレーション波形は**図 10.15** の回路を用いて数値計算により求めた．式(10.1)より

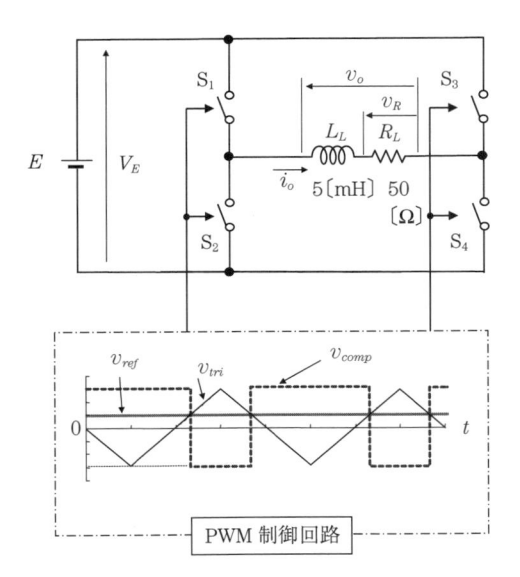

図 10.15　フルブリッジインバータのシミュレーション回路

$v_{ref} \geqq v_{tri}$ のとき　S_1 オン，S_2 オフ
　　　　　　　　　　　S_3 オフ，S_4 オン
$v_{ref} < v_{tri}$ のとき　S_1 オフ，S_2 オン
　　　　　　　　　　　S_3 オン，S_4 オフ
$\quad(10.9)$

とする。

この回路においては，以下の微分方程式が成立する。

$$L_L \frac{di_o}{dt} + R_L i_o = v_o \tag{10.10}$$

ただし，v_o はインバータの出力電圧，i_o は出力電流である。また

$v_{ref} \geqq v_{tri}$ のとき　$v_o = V_E$
$v_{ref} < v_{tri}$ のとき　$v_o = -V_E$
$\quad(10.11)$

である。計算刻み幅を Δt とし，時刻 t_0 における出力電流を I_0 として，式(10.10)の微分方程式を解くと，時刻 $t = t_0 + \Delta t$ における出力電流 $i_o(t_0 + \Delta t)$ は

$$i_o(t + \Delta t) = \frac{v_o}{R_L}\left(1 - \exp\left(-\frac{R_L}{L_L}\Delta t\right)\right) + I_0 \exp\left(-\frac{R_L}{L_L}\Delta t\right) \tag{10.12}$$

と求まる。各時刻にて指令電圧 v_{ref} と三角波電圧 v_{tri} を比較して，その大小関係に応じて式(10.12)の v_o に値を代入することで Δt 秒後の出力電流値が求まる。

（b）　解法2　ルンゲ・クッタ法による数値解法は以下のとおりである。式(10.10)を変形すると

$$\frac{di_o}{dt} = -\frac{R_L}{L_L}i_o + \frac{1}{L_L}v_o \tag{10.13}$$

となる。この式の右辺を i_o と v_o の関数として

$$f(i_o, v_o) = -\frac{R_L}{L_L}i_o + \frac{1}{L_L}v_o \tag{10.14}$$

とおく。ルンゲ・クッタ法は以下の手順で計算を進める。ただし，Δt は計算刻み幅である。

（1）　時刻 $k = 0$ とする。インバータの出力電流 i_o の初期値 $i_o(0)$ を与え

る。
（2） 時刻 k における指令電圧 $v_{ref}(k)$ および三角波の電圧 $v_{tri}(k)$ を求める。
（3） 式(10.11)によりインバータの出力電圧 $v_o(k)$ を求める。
（4） 出力電流 $i_o(k+1)$ を以下の式により求める。

$$A_k = \Delta t\, f(i_o(k),\ v_o(k))$$
$$B_k = \Delta t\, f\!\left(i_o(k) + \frac{1}{2}A_k,\ v_o(k)\right)$$
$$C_k = \Delta t\, f\!\left(i_o(k) + \frac{1}{2}B_k,\ v_o(k)\right) \tag{10.15}$$
$$D_k = \Delta t\, f(i_o(k) + C_k,\ v_o(k))$$
$$i_o(k+1) = i_o(k) + \frac{1}{6}(A_k + 2B_k + 2C_k + D_k)$$

（5） $k \leftarrow k+1$ とする。k が終了時刻に達していれば，計算を終了する。達していなければ（2）に戻る。

図 10.12〜図 10.14 は計算刻み幅を $\Delta t = 1/(10\,[\mathrm{kHz}] \times 200) = 0.5\,[\mathrm{\mu s}]$ としてルンゲ・クッタ法により求めた結果である。解法1によってもほとんど同じ結果を得る。

10.6　PWM 制御法 II

10.2 節の PWM 制御法では指令電圧 v_{ref} が正であるときに，インバータの出力電圧 v_o の瞬時値は正/負両方の値を出力していた。

> 出力電圧波形のより良い PWM 制御法はないだろうか？

出力電圧に正/負ではなく，正/零もしくは零/負の電圧を出力する PWM 制御法がある。考え方を図 10.16 に示す。トランジスタ Tr_1，Tr_2 のペアと Tr_3，Tr_4 のペアにそれぞれ反対の極性の指令電圧を与える。すなわち，Tr_1，Tr_2 ペア用の指令電圧 v_{ref} に対して，Tr_3，Tr_4 ペア用の指令電圧を $-v_{ref}$ とす

150　10. フルブリッジインバータ

従来どおりの指令電圧

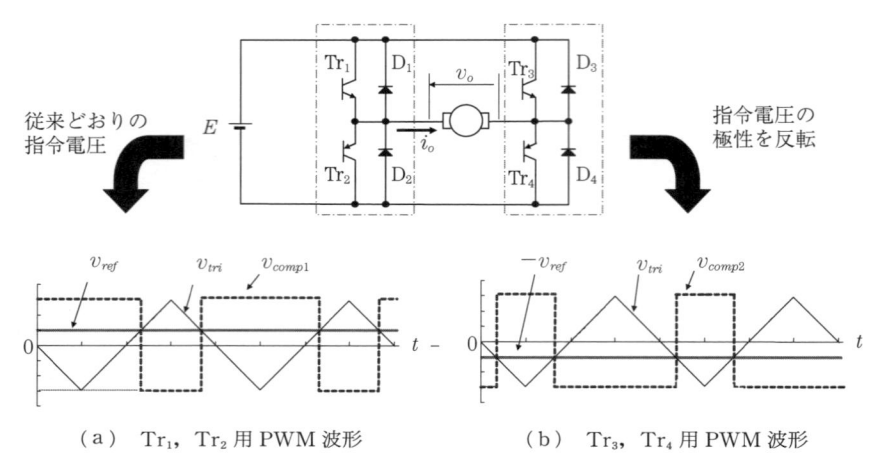

指令電圧の極性を反転

(a)　Tr_1, Tr_2 用 PWM 波形

(b)　Tr_3, Tr_4 用 PWM 波形

図 10.16　PWM 制御法 II

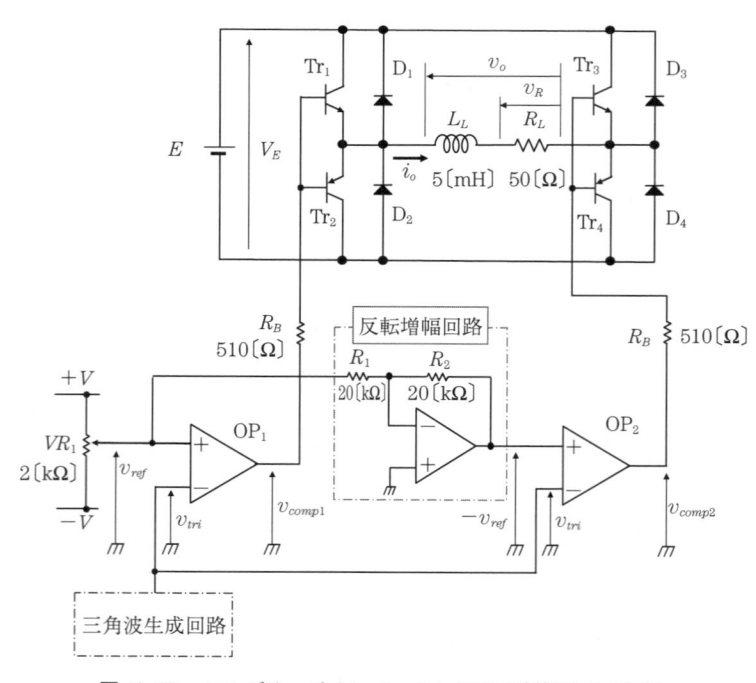

図 10.17　フルブリッジインバータと PWM 制御法 II の回路

る。図 10.16(a), (b)にそれぞれのトランジスタ・ペア用の PWM 波形を示す。

この PWM 制御法は以下のルールで実現できる。

$$
\begin{aligned}
v_{ref} &\geqq v_{tri} \text{ のとき } \text{Tr}_1 \text{ オン}, \text{Tr}_2 \text{ オフ} \\
v_{ref} &< v_{tri} \text{ のとき } \text{Tr}_1 \text{ オフ}, \text{Tr}_2 \text{ オン} \\
-v_{ref} &\geqq v_{tri} \text{ のとき } \text{Tr}_3 \text{ オン}, \text{Tr}_4 \text{ オフ} \\
-v_{ref} &< v_{tri} \text{ のとき } \text{Tr}_3 \text{ オフ}, \text{Tr}_4 \text{ オン}
\end{aligned}
\quad (10.16)
$$

この制御法を **PWM 制御法 II** とする。PWM 制御回路を **図 10.17** に示す。図 10.3 の PWM 制御回路においてオペアンプ OP_1, OP_2 の入力端子の極性を同じにし，OP_2 の入力側に反転増幅回路を挿入して指令電圧 $-v_{ref}$ を得ている。

図 10.18 は指令電圧 v_{ref} が正のときの PWM 制御波形と出力電圧 v_o の波形を示す。図中の 1〜4 の数字はそれぞれトランジスタ Tr_1〜Tr_4 のオン期間を

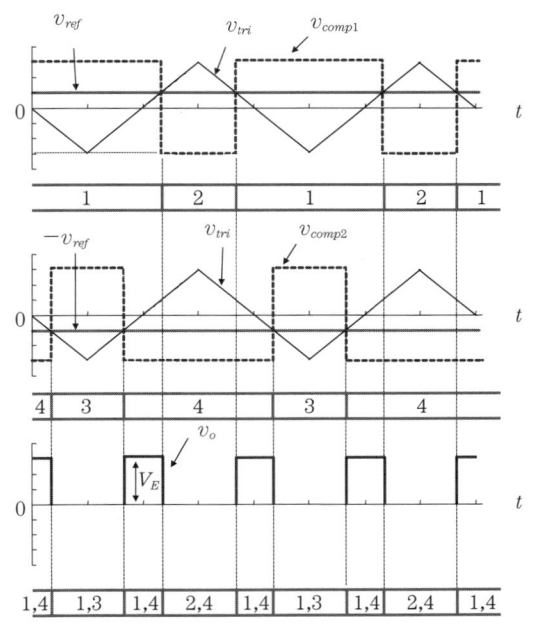

図 10.18 PWM 制御法 II と出力電圧
（指令電圧 v_{ref} が正の場合）

示している．例えば，図中の 1 の期間はトランジスタ Tr_1 がオンの期間である．また，1，4 の期間はトランジスタ Tr_1, Tr_4 が同時にオンの期間であり，この期間中は出力電圧 v_o が電源電圧 V_E となる．また，1，3 と 2，4 の期間は，10.7 節に述べるように出力電流 i_o が電源を通らずに環流する．これらの環流モードの期間において出力電圧 v_o は $0\,[\mathrm{V}]$ となる．

> **課題 10.6**
>
> 電圧指令値が負の場合の三角波電圧 v_{tri} と指令電圧 v_{ref} を**図 10.19** に示す．図 10.18 を参照に，図 10.19 を完成せよ．
>
> **図 10.19** PWM 制御法 II と出力電圧
> （指令電圧 v_{ref} が負の場合）

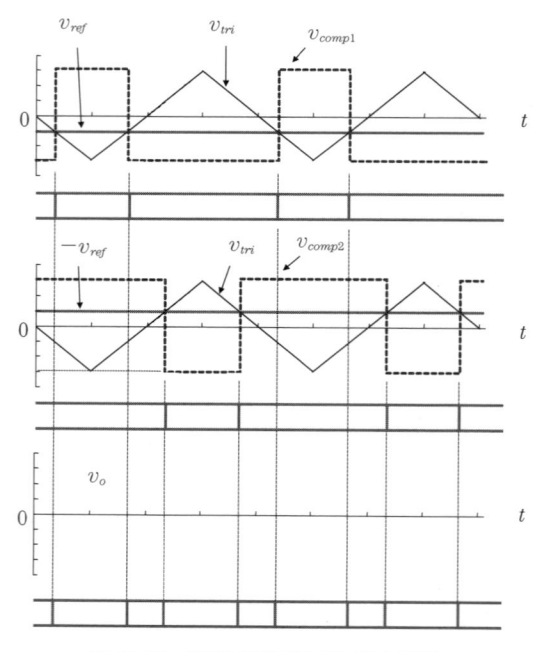

10.6 PWM 制御法 II

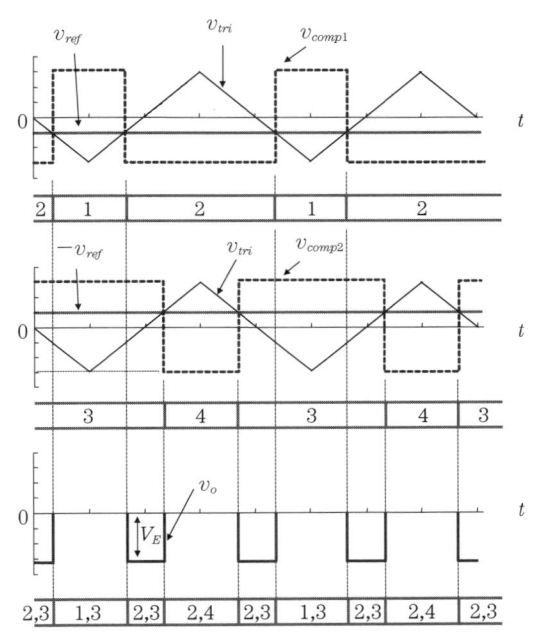

[解答] 図 10.20 に示す。

図 10.20 PWM 制御法 II と出力電圧
（指令電圧 v_{ref} が負の場合）

指令電圧 v_{ref} は三角波電圧 v_{tri} と比較され PWM 波形 v_{comp1} が生成される。同様に $-v_{ref}$ と v_{tri} の比較により v_{comp2} が生成される。三角波電圧の振幅を V_{tp} とする。トランジスタ Tr_1, Tr_4 のオンの期間を T_{14on}, Tr_2, Tr_3 のオンの期間を T_{23on} とし，三角波電圧の周期 T_{tri} との比をそれぞれ通流率 $\delta_{14}\,(= T_{14on}/T_{tri})$, $\delta_{23}\,(= T_{23on}/T_{tri})$ とすると

$$\begin{aligned} v_{ref} = V_{tp} \quad &\text{のとき} \quad \delta_{14} = 1 \\ v_{ref} \leqq 0 \quad &\text{のとき} \quad \delta_{14} = 0 \end{aligned} \tag{10.17}$$

10. フルブリッジインバータ

$$v_{ref} \geqq 0 \quad \text{のとき} \quad \delta_{23} = 0$$
$$v_{ref} = -V_{tp} \quad \text{のとき} \quad \delta_{23} = 1 \tag{10.18}$$

となる。

課題 10.7

δ_{14}, δ_{23} と $\dfrac{v_{ref}}{V_{tp}}$ の関係を求めよ。

[解答]

$$\delta_{14} = \frac{v_{ref}}{V_{tp}} \quad (\text{ただし, } v_{ref} \geqq 0 \text{ のとき}) \tag{10.19}$$

$$\delta_{23} = -\frac{v_{ref}}{V_{tp}} \quad (\text{ただし, } v_{ref} \leqq 0 \text{ のとき}) \tag{10.20}$$

■

課題 10.8

図 10.17 においてインバータの出力電圧 v_o の平均値 $\overline{v_o}$ と通流率 δ_{14}, δ_{23} の関係および $\overline{v_o}$ と指令電圧 v_{ref} との関係を求めよ。ただし, 電源 E の電圧を V_E とする。

[解答]

$$\begin{aligned}
\delta_{14} &= 1 & \text{のとき} & \quad \overline{v_o} = V_E \\
\delta_{14} &= \delta_{23} = 0 & \text{のとき} & \quad \overline{v_o} = 0 \\
\delta_{23} &= 1 & \text{のとき} & \quad \overline{v_o} = -V_E
\end{aligned} \tag{10.21}$$

であるので

$$\overline{v_o} = \begin{cases} \delta_{14} V_E & (v_{ref} \geqq 0 \text{ のとき}) \\ -\delta_{23} V_E & (v_{ref} \leqq 0 \text{ のとき}) \end{cases}$$

$$= \frac{v_{ref}}{V_{tp}} V_E \tag{10.22}$$

となる。■

フルブリッジインバータ回路のゲイン K_{INV} は

$$\overline{v_o} = K_{INV} v_{ref} \tag{10.23}$$

より

$$K_{INV} = \frac{V_E}{V_{tp}} \tag{10.24}$$

と求められ，10.2 節の PWM 制御法 I の場合と変わらない．

10.7　PWM 制御法 II による動作モード

図 10.17 の PWM 制御法 II の回路においては，トランジスタ Tr_1，Tr_2，Tr_3，Tr_4 のオン/オフと出力電流 i_o の向きにより 8 つの動作モードが生起する．

図 10.21 は出力電流 $i_o > 0$ の場合の 4 つのモードを示す．図(a)は Tr_1，Tr_4 オン，Tr_2，Tr_3 オフであり，電源 E から負荷に電流 i_o が流れている．図(b)においては Tr_2，Tr_4 オン，Tr_1，Tr_3 オフであり，i_o は E を通らず，ダイオード D_2 とトランジスタ Tr_4 を環流している．

（a）　$i_o > 0$, Tr_1, Tr_4 オン, Tr_2, Tr_3 オフ　　（b）　$i_o > 0$, Tr_2, Tr_4 オン, Tr_1, Tr_3 オフ

（c）　$i_o > 0$, Tr_1, Tr_3 オン, Tr_2, Tr_4 オフ　　（d）　$i_o > 0$, Tr_2, Tr_3 オン, Tr_1, Tr_4 オフ

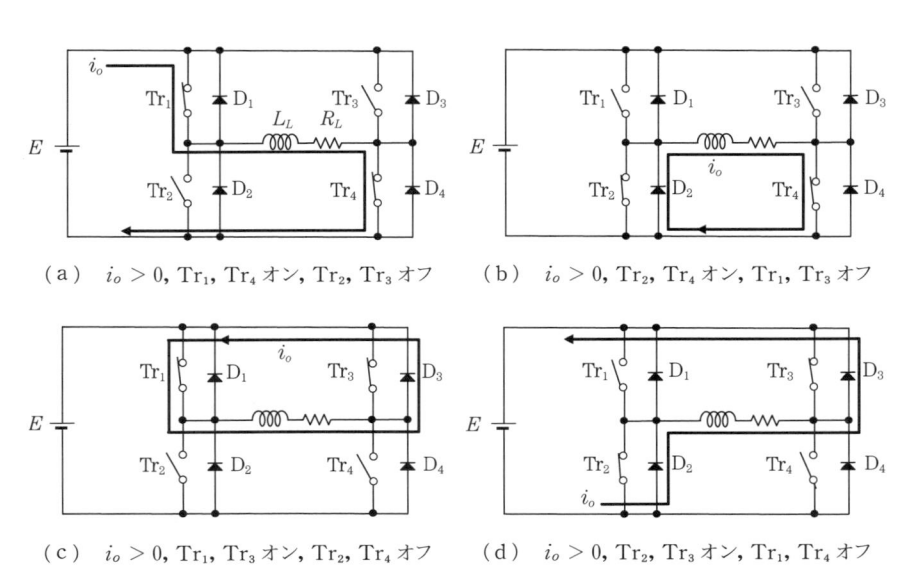

図 10.21　PWM 制御法 II による $i_o > 0$ の場合の 4 つの動作モード

課題 10.9

出力電流 $i_o < 0$ の場合の 4 つのモードにおける電流の経路を図 **10.22** の各回路に記入せよ。

(e) $i_o < 0$, Tr_1, Tr_4 オン, Tr_2, Tr_3 オフ

(f) $i_o < 0$, Tr_2, Tr_4 オン, Tr_1, Tr_3 オフ

(g) $i_o < 0$, Tr_1, Tr_3 オン, Tr_2, Tr_4 オフ

(h) $i_o < 0$, Tr_2, Tr_3 オン, Tr_1, Tr_4 オフ

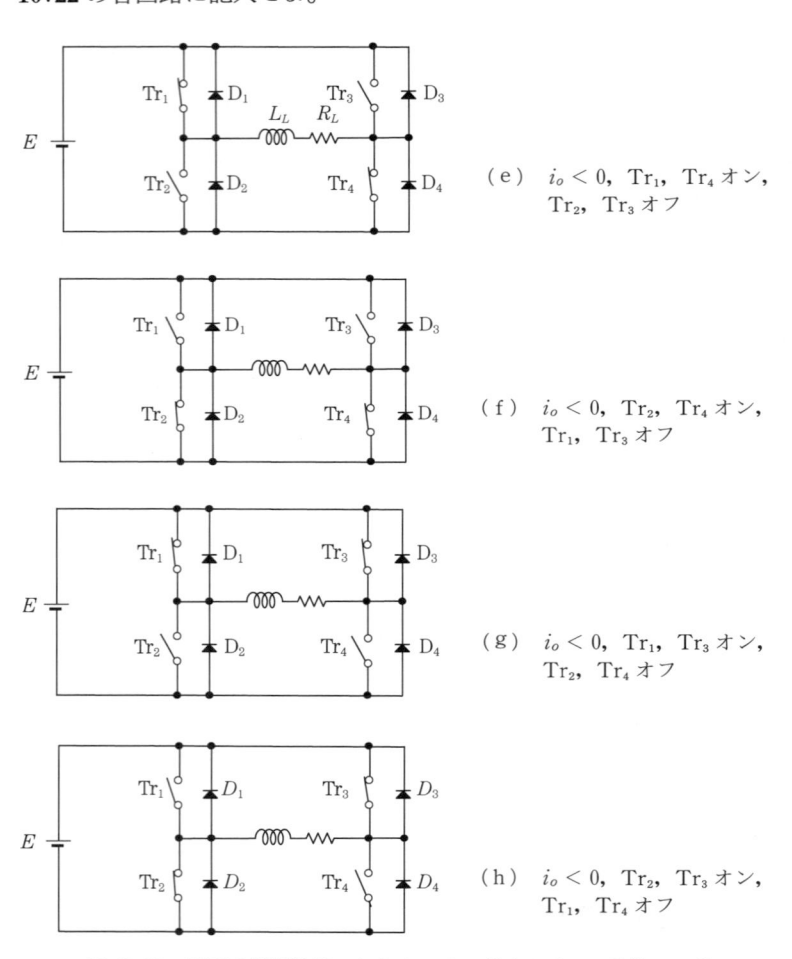

図 **10.22** PWM 制御法 II による $i_o < 0$ の場合の 4 つの動作モード

[解答] 図 **10.23** に示す。

10.7　PWM 制御法 II による動作モード　　157

(e)　$i_o < 0$, Tr_1, Tr_4 オン, Tr_2, Tr_3 オフ

(f)　$i_o < 0$, Tr_2, Tr_4 オン, Tr_1, Tr_3 オフ

(g)　$i_o < 0$, Tr_1, Tr_3 オン, Tr_2, Tr_4 オフ

(h)　$i_o < 0$, Tr_2, Tr_3 オン, Tr_1, Tr_4 オフ

図 10.23　PWM 制御法 II による $i_o < 0$ の場合の 4 つの動作モード

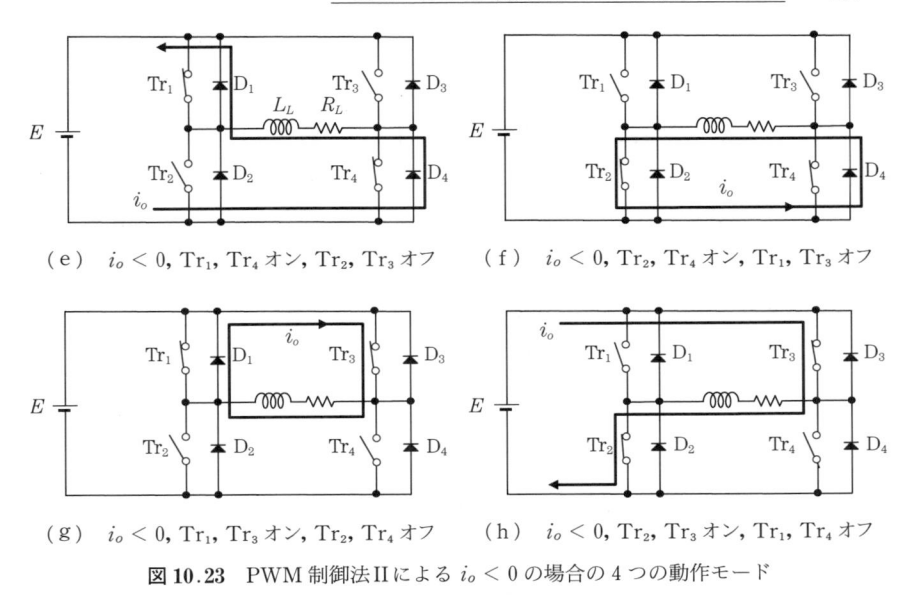

図 10.24 は PWM 制御法 II による出力電圧 v_o および出力電流 i_o の実験結果を示す．図 10.21 の (a)〜(c)，図 10.23 の (f)〜(h) のモードが現れている．(b)，(c) のモードおよび (f)，(g) のモードはそれぞれ交互に現れてい

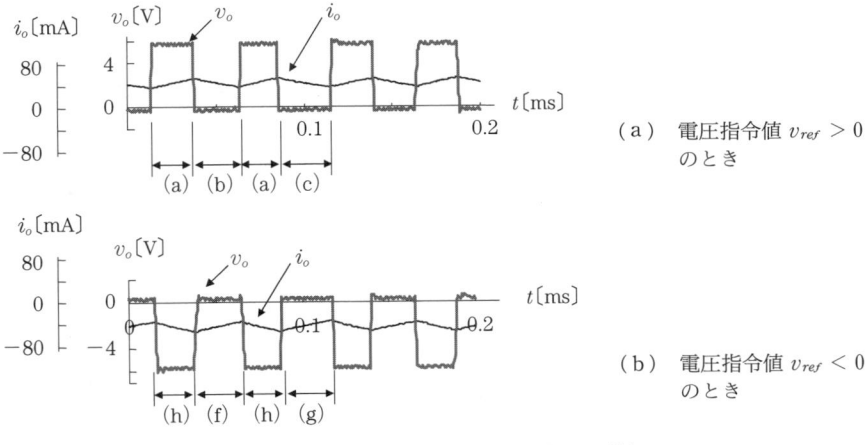

(a)　電圧指令値 $v_{ref} > 0$ のとき

(b)　電圧指令値 $v_{ref} < 0$ のとき

図 10.24　PWM 制御法 II の出力電圧・電流

る。図 10.11 の PWM 制御法 I の波形と比べることで，電流の脈動が小さくなっていることがわかる。オン/オフの回数は，トランジスタ $Tr_1 \sim Tr_4$ のいずれにおいても，三角波の一周期の間に一回ずつであり，PWM 制御法 I，II で変わらない。

各トランジスタの単位時間当りのオン/オフの回数を**スイッチング周波数** f_{sw} と呼ぶ。すなわち，PWM 制御法 I，II において各トランジスタのスイッチング周波数 f_{sw} はキャリヤ周波数 f_{tri} と同じ 10 [kHz] である。PWM 制御法 II のほうが制御回路は少し複雑となるが，出力電圧波形に含まれる高調波成分は少ない。

10.8 交流電圧の出力

図 10.17 のフルブリッジインバータにおいて，指令電圧 v_{ref} を交流信号に変える。**図 10.25** は，指令電圧の周波数とキャリヤの周波数比 $f_{ref}/f_{tri} = 1/3$ とした場合の指令電圧 v_{ref} と三角波電圧 v_{tri} およびインバータの出力電圧 v_o。

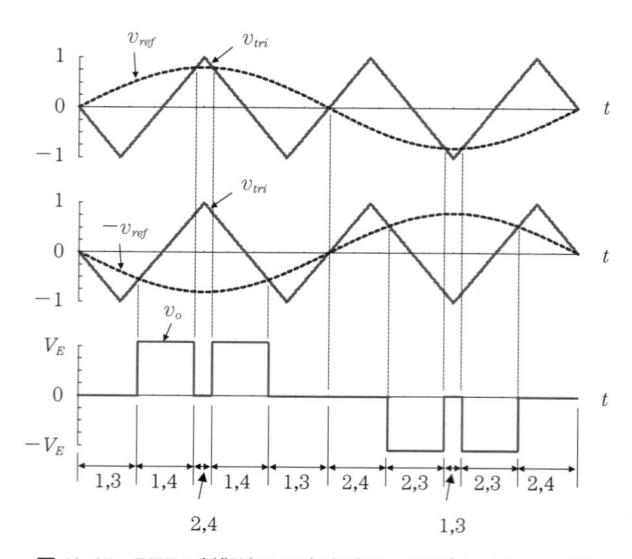

図 10.25 PWM 制御法 II の交流電圧・電流 ($f_{ref}/f_{tri} = 1/3$)

の波形を示す．図中の数字はそれぞれの期間においてオンとなっているトランジスタの番号を示す．

図 10.26(a)は実験波形を示す．また，図(b)はシミュレーション波形である．指令電圧 v_{ref} を周波数 $f_{ref} = 3.33\,[\text{kHz}]$ の正弦波信号としたときの，出力電圧 v_o と負荷抵抗 R_L の両端電圧 v_R の実験波形を示す．キャリヤの周波数 $f_{tri} = 10\,[\text{kHz}]$（周波数比 $f_{ref}/f_{tri} = 1/3$）とした．また，負荷インダクタンス $L_L = 5\,[\text{mH}]$，負荷抵抗 $R_L = 50\,[\Omega]$，インバータの電源電圧 $V_E = 6\,[\text{V}]$ であった．また，指令電圧の振幅 V_{refm} と三角波電圧のピーク値 V_{tp} の比 $V_{refm}/V_{tp} = 7/10$ とした．

(a) 実験波形

(b) シミュレーション波形

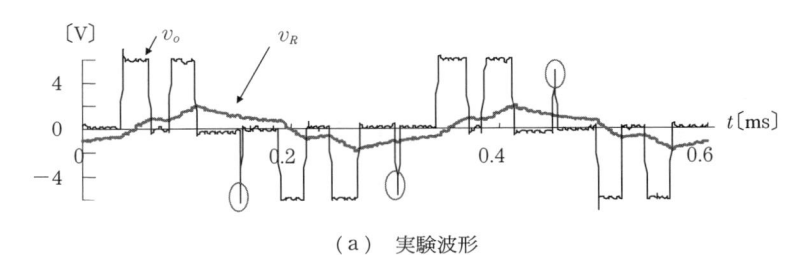

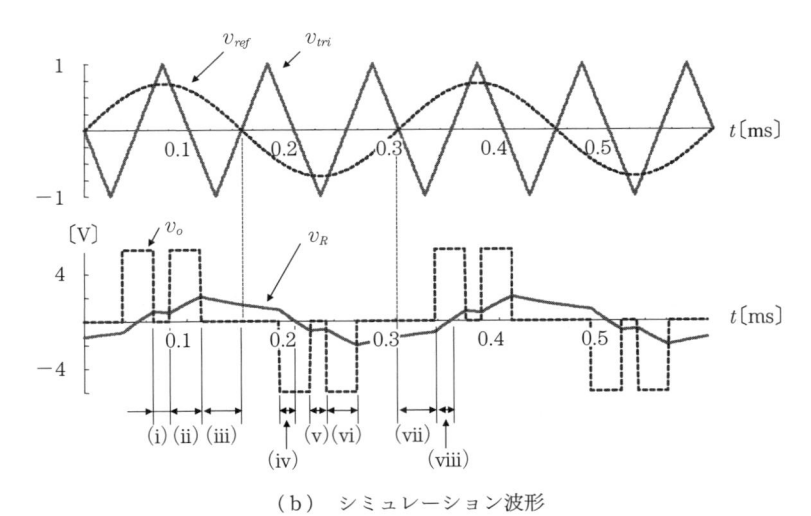

図 10.26 PWM 制御法 II の出力電圧・電流波形（$f_{ref}/f_{tri} = 1/3$）

実験結果とシミュレーション結果は良く一致した。PWM制御法 II では指令電圧 v_{ref} と三角波電圧 v_{tri} のゼロクロス点が一致した場合，その時点で動作モードの切替えが起きる。図 10.25 において電圧指令値 v_{ref} の極性が正から負へと切り替わる時点では，トランジスタ Tr_1，Tr_3 オン，Tr_2，Tr_4 オフから，Tr_1，Tr_3 オフ，Tr_2，Tr_4 オンへ切り替えられる。いずれも出力電流の向きにかかわらず電圧を出力しない環流モードである。図 10.26(a) の実験波形ではこのようなゼロクロス点において○印で示す電圧が出力されている。これは，実験回路では電圧指令値 v_{ref} と三角波 v_{tri} のゼロクロス点が少しずれたことによる。

> **課題 10.10**
>
> 図 10.26(b) の図中 (i)〜(viii) の期間において生起している動作モードは，図 10.21, 10.23 の 8 つの動作モードのいずれか。

[解答]　(i)：(b) or (c)，　(ii)：(a)，　(iii)：(c) or (b)，　(iv)：(d)，
(v)：(g) or (f)，　(vi)：(h)，　(vii)：(f) or (g)，　(viii)：(e)

図 10.27 は $f_{ref}/f_{tri} = 1/9$ ($f_{ref} = 1.11\,[\mathrm{Hz}]$) とした場合の実験波形とシミュレーション波形である。図 10.28 は $f_{ref}/f_{tri} = 1/27$ ($f_{ref} = 370\,[\mathrm{Hz}]$) とした場合のシミュレーション波形である。

図 10.12〜図 10.14 の PWM 制御法 I による波形と比較してわかるように，PWM 制御法 II により，高調波成分の少ない出力電圧が得られることがわかる。なお，実験波形では前述のように指令電圧と三角波電圧のゼロクロス点のずれにより，図 10.27(a) に○で囲って示すような電圧が観測された。

出力電圧波形の周波数解析を行った。その結果を**図 10.29**，**図 10.30** に示す。それぞれ PWM 制御法 I，II の場合の結果である。各図は，上から周波数比 $f_{ref}/f_{tri} = 1/3$，$1/9$，$1/27$ の場合について，インバータの出力電圧 v_o のシミュレーション波形を **FFT**（fast Fourier transform）**解析**により求めたものである。

10.8 交流電圧の出力

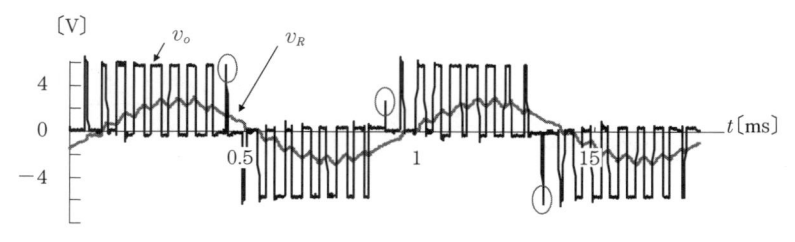

(a) 実験波形

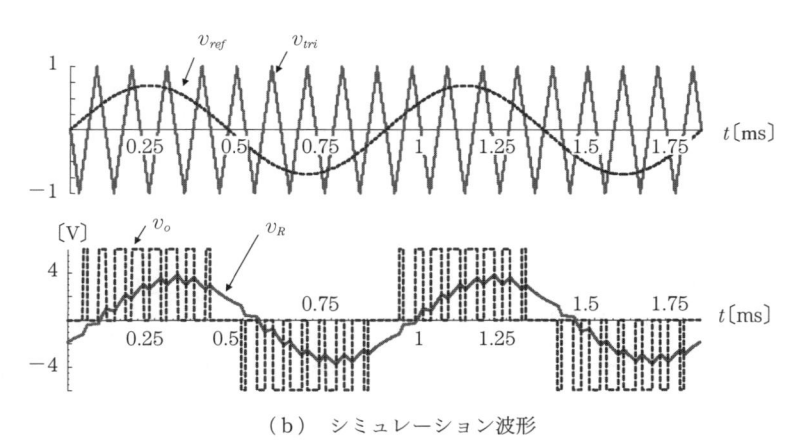

(b) シミュレーション波形

図 10.27 PWM 制御法 II の出力電圧・電流波形 ($f_{ref}/f_{tri} = 1/9$)

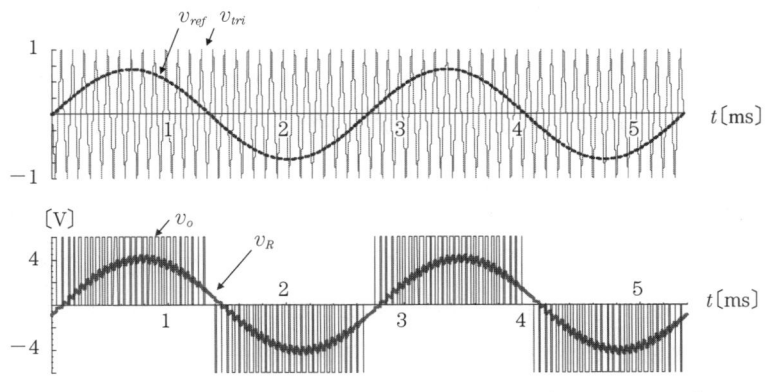

図 10.28 PWM 制御法 II のシミュレーション波形 ($f_{ref}/f_{tri} = 1/27$)

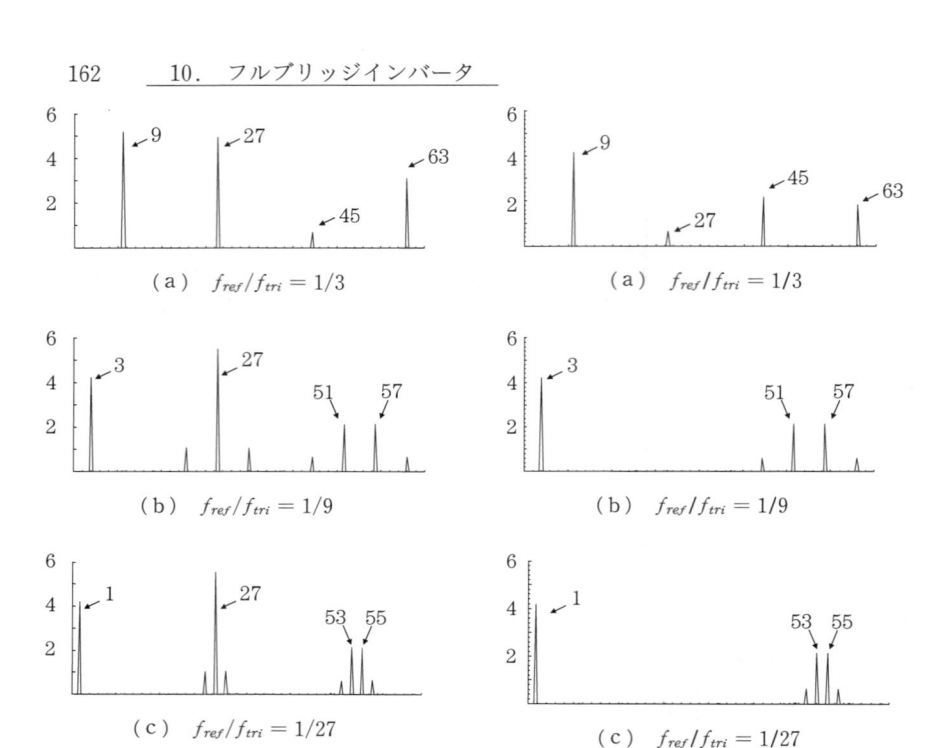

図 10.29 出力電圧波形の周波数解析
（PWM 制御法 I）

図 10.30 出力電圧波形の周波数解析
（PWM 制御法 II）

具体的には，図 10.29(a)，(b)，(c) はそれぞれ図 10.12～図 10.14 の出力電圧 v_o のシミュレーション波形を FFT にかけた結果であり，図 10.30(a)，(b)，(c) はそれぞれ図 10.26～図 10.28 の出力電圧 v_o のシミュレーション波形を FFT にかけた結果である．いずれの解析結果においても $f_{ref}/f_{tri} = 1/27$ のときの電圧指令値の周波数 $f_{ref} = 370\,[\text{Hz}]$ を高調波の次数 1 としてある．キャリヤ周波数 $f_{tri} = 10\,[\text{kHz}]$ は 27 次の高調波となる．また，$f_{ref}/f_{tri} = 1/9, 1/3$ のときの指令電圧の周波数 $f_{ref} = 1.11, 3.33\,[\text{kHz}]$ はそれぞれ次数 3，9 となる．いずれの場合も指令電圧の振幅 V_{refm} と三角波電圧のピーク値 V_{tp} の比 $V_{refm}/V_{tp} = 7/10$，電源電圧 $V_E = 6\,[\text{V}]$ とした．

PWM 制御法 I では 27 次のキャリヤ周波数成分が大きいのに対して，PWM 制御法 II では 27 次の成分はほとんど見られない．また，PWM 制御法 I では 9 次，3 次，1 次と周波数比 f_{ref}/f_{tri} が小さくなるにつれて，これらの

成分の振幅が $4.2\,[\mathrm{V}]$ に近づいている。一方，PWM 制御法 II ではいずれの場合もほぼ $4.2\,[\mathrm{V}]$ である。式 (10.5)，(10.22) の出力電圧 v_o の平均値に関する理論値

$$\overline{v_o} = \frac{v_{ref}}{V_{tp}} V_E = \frac{7}{10} \times 6 = 4.2\,[\mathrm{V}]$$

と一致する値である。式 (10.5)，(10.22) は指令値が直流電圧である場合の平均値であるが，出力交流電圧の基本波成分の瞬時値を与える。

PWM 制御法 II は PWM 制御法 I と比較して，各トランジスタのスイッチング周波数が同じでありながら，出力電圧の高調波成分が少ない点で優れている。

課題 10.11

図 10.25 の例では指令電圧 v_{ref} と三角波電圧 v_{tri} はそれぞれのゼロクロス点が一致するようにしていた。これを**同期をとる**という。$f_{ref}/f_{tri} = 0.7 \times (1/3)$ としたときの出力電圧 v_o の波形を求めよ。

[解答] 図 10.31 に示す。これはゼロクロス点を一致させることができず，**非同期**となり，出力電圧波形は周期ごとに波形が異なってしまう。

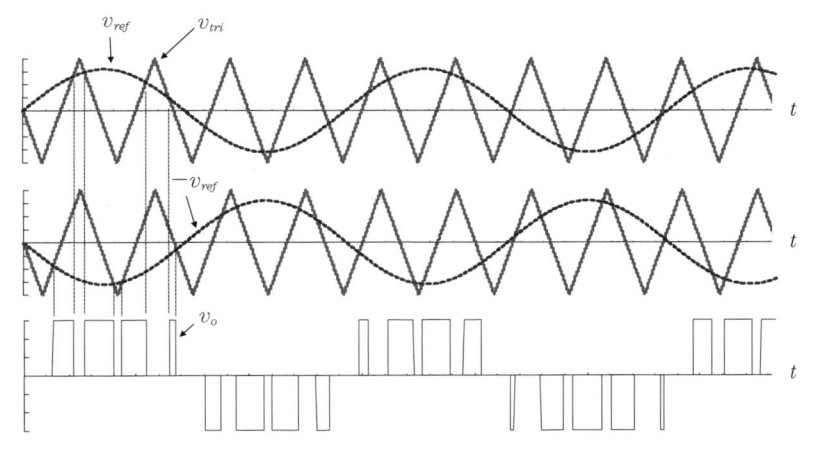

図 10.31　PWM 制御法 II の交流電圧・電流 ($f_{ref}/f_{tri} = 0.7 \times (1/3)$)

11

三相 PWM インバータ

11.1 三相交流電圧の出力

　9章のハーフブリッジインバータ，10章のフルブリッジインバータにより単相交流電圧を出力することができた。単相交流電圧は家電品など比較的小電力の負荷に用いられる。大電力用途には三相交流電圧が用いられることが多い。そこで

> **三相交流電圧を出力するにはどうしたらよいだろうか？**

　答えを図 11.1 に示す。図 10.2 のフルブリッジインバータに対して，新たに

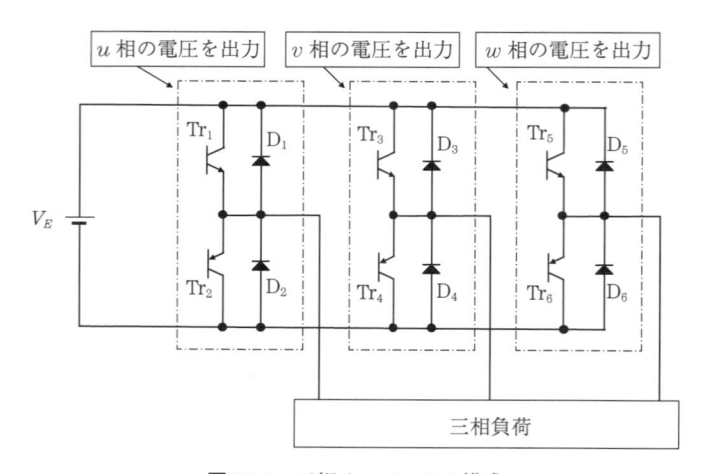

図 11.1　三相インバータの構成

トランジスタ Tr_5, Tr_6 とダイオード D_5, D_6 を追加している。

図11.2にPWM制御回路の構成例を示す。トランジスタ Tr_1 と Tr_2, Tr_3 と Tr_4, Tr_5 と Tr_6 の各ペア用にオペアンプ OP_1〜OP_3 による比較回路を設け，それぞれに指令電圧 v_{refu}, v_{refv}, v_{refw} を与えている。各相の指令電圧と三角波電圧 v_{tri} を比較し，いずれの相においても

$$v_{ref*} \geqq v_{tri} \quad \text{のとき} \quad 上側 \quad Tr オン, 下側 \quad Tr オフ$$
$$v_{ref*} < v_{tri} \quad \text{のとき} \quad 上側 \quad Tr オフ, 下側 \quad Tr オン$$
(11.1)

のスイッチングを実現する。

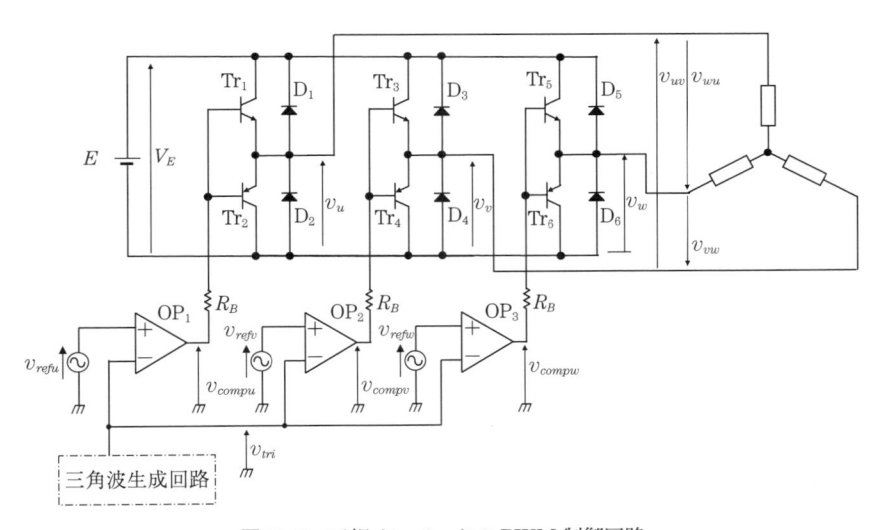

図11.2 三相インバータのPWM制御回路

11.2 120°通電型の出力電圧制御法

三相インバータの最も簡単な出力電圧制御波形を図11.3に示す。これは120°通電型出力電圧制御法と呼ばれる。式(11.1)において三角波電圧 $v_{tri} = 0$ とすればよい。各トランジスタ・ペアのオン/オフを180°間隔で切り替えることができる。上側トランジスタがオンのときには出力相電圧 v_u, v_v, v_w に電

11. 三相PWMインバータ

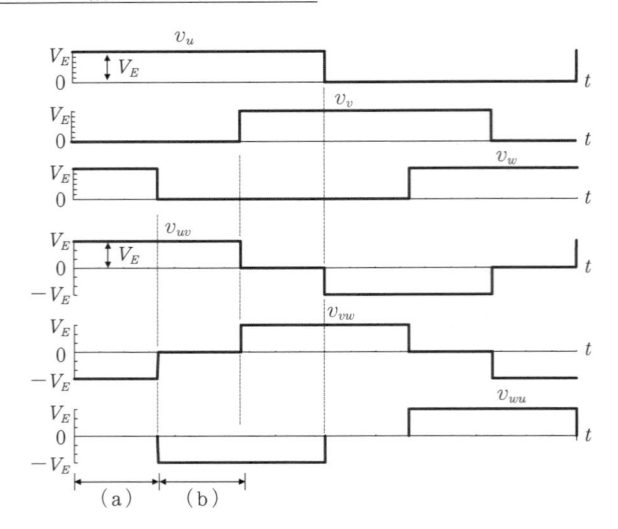

図 11.3 120°通電型の出力電圧波形

源電圧 V_E が現れ，下側トランジスタがオンのときには相電圧は $0\,[\mathrm{V}]$ となる。相電圧 v_u, v_v, v_w の位相はそれぞれ120°ずつずれる。出力線間電圧 v_{uv}, v_{vw}, v_{wu} は次式で与えられる。

$$\begin{aligned}
v_{uv} &= v_u - v_v \\
v_{vw} &= v_v - v_w \\
v_{wu} &= v_w - v_u
\end{aligned} \tag{11.2}$$

線間電圧 v_{uv}, v_{vw}, v_{wu} の波形を図11.3に作図して示す。相・線間電圧の繰返し周期を360°とすると，線間電圧が $0\,[\mathrm{V}]$ でない値を持つのは正/負いずれも120°期間であることから，この制御法は120°通電型出力電圧制御法と呼ばれる。

図中の(a)，(b)の期間おけるインバータ回路の導通経路の様子を**図 11.4** (a)，(b)にそれぞれ示す。トランジスタとダイオードは模式的にスイッチ $S_1 \sim S_6$ で示してある。(a)の期間では，スイッチ S_1, S_4, S_5 がオンであり，各相電圧は $v_u = V_E$, $v_v = 0$, $v_w = V_E$ となっている。この期間において，線間電圧 v_{uv} にはスイッチ S_1, S_4 を通して電源電圧 V_E が現れている。同様に線間電圧 v_{vw} にはスイッチ S_4, S_5 を通して電源電圧 $-V_E$ が現れ，線間電

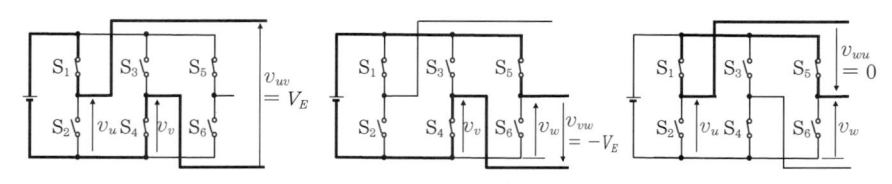

11.2 120°通電型の出力電圧制御法

(a) 図 11.3 の(a)の期間

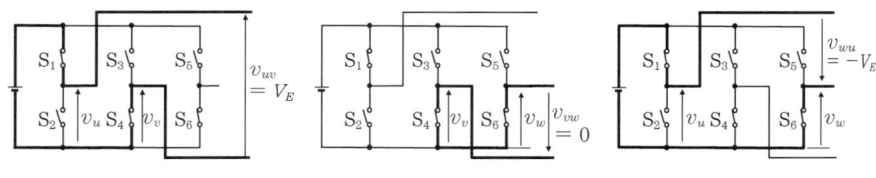

(b) 図 11.3 の(b)の期間

図 11.4 120°通電型のインバータ回路の導通経路

圧 v_{wu} にはスイッチ S_1, S_5 を通して $0\,[\mathrm{V}]$ が現れている。(b)の期間では，S_1, S_4, S_6 がオンとなっている。

課題 11.1

u-相電圧 v_u および u-v 相間の線間電圧 v_{uv} をフーリエ級数展開し，それぞれの基本波の振幅および位相を求めよ。

[解答] u-相電圧 v_u をフーリエ級数展開し

$$v_u = a_0 + \sum_{n=1}^{\infty} a_n \cos n\omega t + \sum_{n=1}^{\infty} b_n \sin n\omega t \tag{11.3}$$

と表す。ここで，ω は基本波の角周波数である。基本波成分の各係数は以下のようになる。

$$a_1 = \frac{1}{\pi}\int_0^{2\pi} v_u \cos \omega t\, d\omega t = \frac{1}{\pi}\int_0^{\pi} V_E \cos \omega t\, d\omega t = \frac{V_E}{\pi}[\sin \omega t]_0^{\pi}$$
$$= 0 \tag{11.4}$$

$$b_1 = \frac{1}{\pi}\int_0^{2\pi} v_u \sin \omega t\, d\omega t = \frac{1}{\pi}\int_0^{\pi} V_E \sin \omega t\, d\omega t = \frac{V_E}{\pi}[-\cos \omega t]_0^{\pi}$$
$$= \frac{2V_E}{\pi} \tag{11.5}$$

相電圧 v_u の基本波成分 v_{u1} は

11. 三相PWMインバータ

$$v_{u1} = \frac{2V_E}{\pi} \sin \omega t \tag{11.6}$$

と求まる。

同様に線間電圧 v_{uv} をフーリエ級数展開し

$$v_{uv} = c_0 + \sum_{n=1}^{\infty} c_n \cos n\omega t + \sum_{n=1}^{\infty} d_n \sin n\omega t \tag{11.7}$$

と表すと、基本波成分の各係数は

$$\begin{aligned}
c_1 &= \frac{1}{\pi} \int_0^{2\pi} v_{uv} \cos \omega t d\omega t \\
&= \frac{1}{\pi} \Big\{ \int_0^{\frac{2\pi}{3}} V_E \cos \omega t d\omega t + \int_{\pi}^{\frac{5\pi}{3}} (-V_E) \cos \omega t d\omega t \Big\} \\
&= \frac{V_E}{\pi} \{[\sin \omega t]_0^{\frac{2\pi}{3}} + [-\sin \omega t]_{\pi}^{\frac{5\pi}{3}}\} \\
&= \frac{\sqrt{3}\,V_E}{\pi} \tag{11.8}
\end{aligned}$$

$$\begin{aligned}
d_1 &= \frac{1}{\pi} \int_0^{2\pi} v_{uv} \sin \omega t d\omega t \\
&= \frac{1}{\pi} \Big\{ \int_0^{\frac{2\pi}{3}} V_E \sin \omega t d\omega t + \int_{\pi}^{\frac{5\pi}{3}} (-V_E) \sin \omega t d\omega t \Big\} \\
&= \frac{V_E}{\pi} \{[-\cos \omega t]_0^{\frac{2\pi}{3}} + [\cos \omega t]_{\pi}^{\frac{5\pi}{3}}\} \\
&= \frac{3V_E}{\pi} \tag{11.9}
\end{aligned}$$

となる。線間電圧 v_{uv} の基本波成分 v_{uv1} は

$$\begin{aligned}
v_{uv1} &= \frac{V_E}{\pi}(3\sin \omega t + \sqrt{3} \cos \omega t) = \frac{2\sqrt{3}\,V_E}{\pi}\Big(\frac{\sqrt{3}}{2}\sin \omega t + \frac{1}{2}\cos \omega t\Big) \\
&= \frac{2\sqrt{3}\,V_E}{\pi}\Big(\cos \frac{\pi}{6} \sin \omega t + \sin \frac{\pi}{6} \cos \omega t\Big) \\
&= \frac{2\sqrt{3}\,V_E}{\pi} \sin\Big(\omega t + \frac{\pi}{6}\Big) \tag{11.10}
\end{aligned}$$

と求まる。線間電圧は相電圧に対して振幅が $\sqrt{3}$ 倍、位相が $\pi/6$ 進んでいる。三相交流の基本的関係が120°通電型の出力電圧においても成り立っている。

出力電圧の高調波解析結果を図 **11**.**5** に示す。図(a)は u 相電圧 v_u の各調波の振幅であり、図(b)は u-v 相間の線間電圧 v_{uv} の各調波の振幅である。

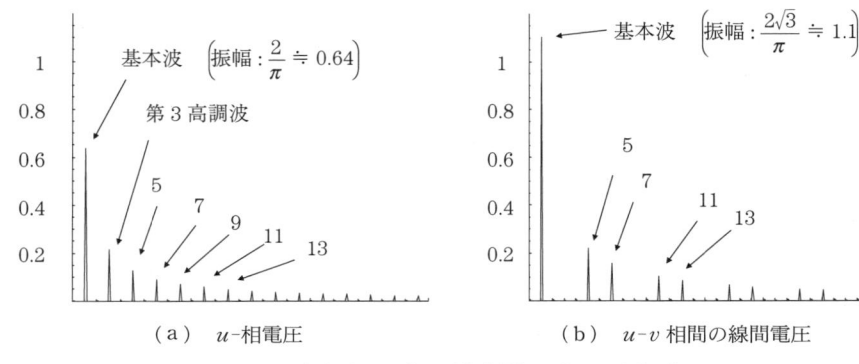

図 11.5 　出力電圧の高調波解析結果（120°通電型）

ただし，電源電圧 $V_E = 1$ とした．線間電圧には 3 の倍数の高調波成分がなくなっている．基本波の振幅は式(11.6)，(11.10)の理論値を示してある．

11.3　PWM 制 御 法

120°通電型出力電圧制御法は，各相指令電圧の周波数を変えることで，出力電圧の周波数を制御することができる．しかし，出力電圧の振幅は制御できない．そこで，PWM 制御法を適用する．図 11.6 は 3 パルス PWM 制御法を示す．キャリヤ周波数を指令電圧の周波数の 3 倍としている．こうすることで，いずれの相においても指令電圧のゼロクロス点を三角波電圧のゼロクロス点と一致させることができる．式(11.1)に従い，トランジスタ・ペアをオン/オフさせることで，相電圧 v_u, v_v, v_w を得ることができる．

図中の 1～6 の数字の期間はそれぞれトランジスタ Tr_1～Tr_6 のオン状態に対応する．線間電圧は式(11.2)により得られる．線間電圧 v_{uv} の正の期間をハッチングして示す．線間電圧には半周期の間は単一極性の電圧が現れている．線間電圧の半周期には 3 つのパルスがある．このパルス数により，図 10.6 の PWM 制御法は 3 パルス PWM 制御法と呼ばれる．

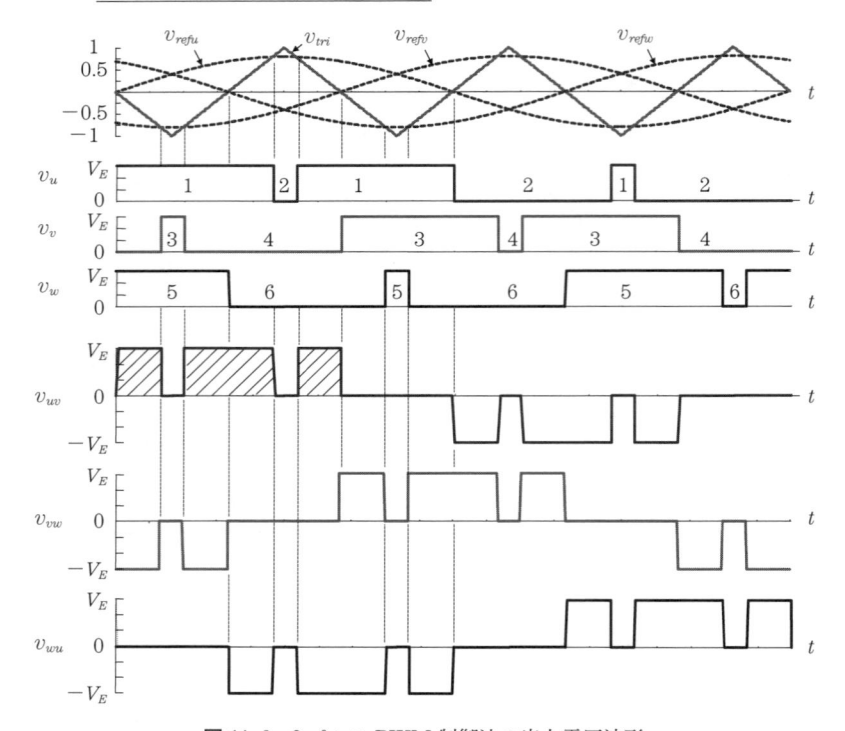

図 11.6 3パルス PWM 制御法の出力電圧波形

11.4 三相インバータの実験

図 11.7 は三相指令電圧生成回路と三相 PWM 制御回路をオペアンプで構成した例である。単相の交流信号源から三相の指令電圧を生成するには，移相回路と加算回路を用いればできる。図中の移相回路は入力信号の振幅は変えずに，位相だけを 120° 進ませる。入力信号を u 相指令電圧 v_{refu} とすれば，移相回路は w 相指令電圧 v_{refw} を生成する。

v 相指令電圧 v_{refv} は

$$v_{refu} = V\sin(\omega t) \tag{11.11}$$

11.4 三相インバータの実験

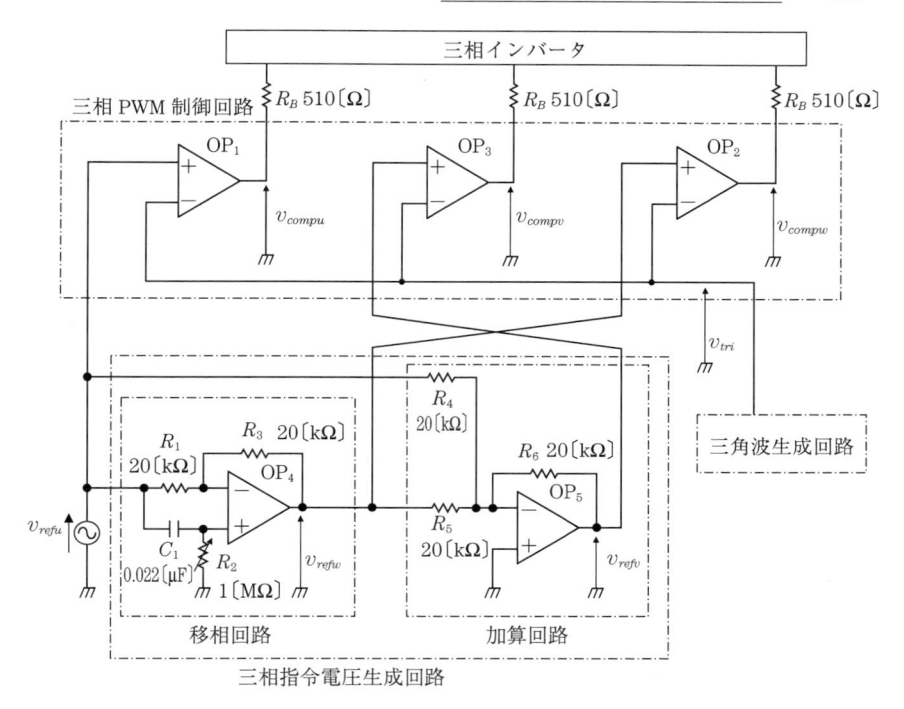

図 11.7 三相指令電圧生成回路と三相 PWM 制御回路

$$v_{refw} = V \sin\left(\omega t + \frac{2\pi}{3}\right) \tag{11.12}$$

とすると

$$v_{refv} = -v_{refu} - v_{refw} = -V\left\{\sin(\omega t) + \sin\left(\omega t + \frac{2\pi}{3}\right)\right\}$$

$$= V \sin\left(\omega t - \frac{2\pi}{3}\right) \tag{11.13}$$

により生成できる。すなわち，v_{refu} と v_{refw} を反転増幅回路の入力とすればよい。

図 11.8 は移相回路を抜粋して示す。この回路の入力電圧 v_i を振幅 V，角周波数 ω の正弦波とすると

$$v_i = V \sin \omega t \tag{11.14}$$

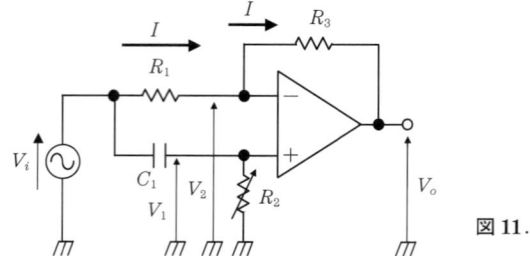

図11.8 移相回路

と表される.交流回路論に基づき,図中の電圧 V_1 は

$$V_1 = \frac{R_2}{R_2 - j\dfrac{1}{\omega C}} V_i = \frac{j\omega C R_2}{1 + j\omega C R_2} V_i \tag{11.15}$$

となる.

バーチャルショートにより

$$V_1 = V_2 \tag{11.16}$$

であるので,図中の電流 I は

$$I = \frac{V_i - V_2}{R_1} = \frac{1}{R_1(1 + j\omega C R_2)} V_i \tag{11.17}$$

となる.この電流 I は,オペアンプの入力インピーダンスが無限大であるので,すべて抵抗 R_3 に流れ込む.よって出力電圧 V_o は式(11.15),(11.17)より

$$V_o = V_2 - R_3 I = -\frac{\dfrac{R_3}{R_1} - j\omega C R_2}{1 + j\omega C R_2} V_i \tag{11.18}$$

と求められる.ここで,$R_1 = R_3$ とすると

$$V_o = -\frac{1 - j\omega C R_2}{1 + j\omega C R_2} V_i$$

$$= |V_i| \angle \pi - 2\tan^{-1} \omega C R_2 \tag{11.19}$$

となり,出力電圧 V_o は,入力電圧 V_i に対して振幅が同じであり,移相が $\pi - 2\tan^{-1} \omega C R_2$ 進むことがわかる.

11.4 三相インバータの実験　173

> **課題 11.2**
>
> 図 11.7 の移相回路において，出力電圧 v_{refw} が入力電圧 v_{refu} に対して 120° 位相が進むとき，抵抗 R_2 の値を求めよ。ただし，入力電圧の周波数 $f = 50\,[\text{Hz}]$ とする。

[解答] 位相差を φ とする。$R_1 = R_3 = 20\,[\text{k}\Omega]$ であるので，式(11.19) より

$$R_2 = \frac{1}{\omega C}\tan\frac{\pi - \varphi}{2} = \frac{1}{2\times\pi\times 50\times 0.022\times 10^{-6}}\tan\frac{\pi - \frac{2\pi}{3}}{2}$$
$$\fallingdotseq 84\,[\text{k}\Omega] \qquad\blacksquare$$

図 11.9 は実験回路である。立体配線図を図 11.10 に示す。この実験回路により得られた線間電圧 v_{uv} と負荷抵抗の両端電圧 v_R（図 11.10 に記してある。

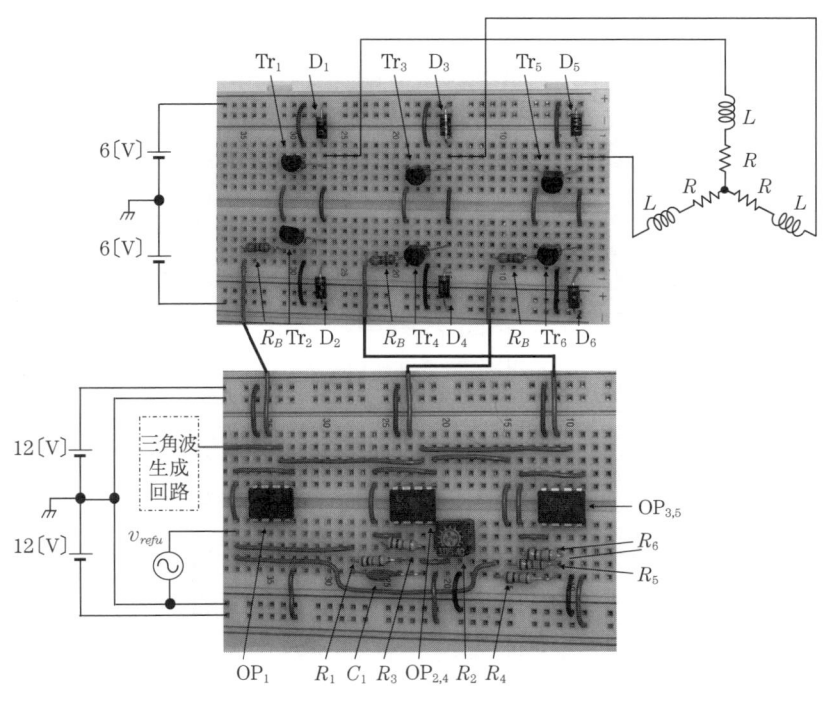

図 11.9　三相インバータの実験回路

174　11. 三相PWMインバータ

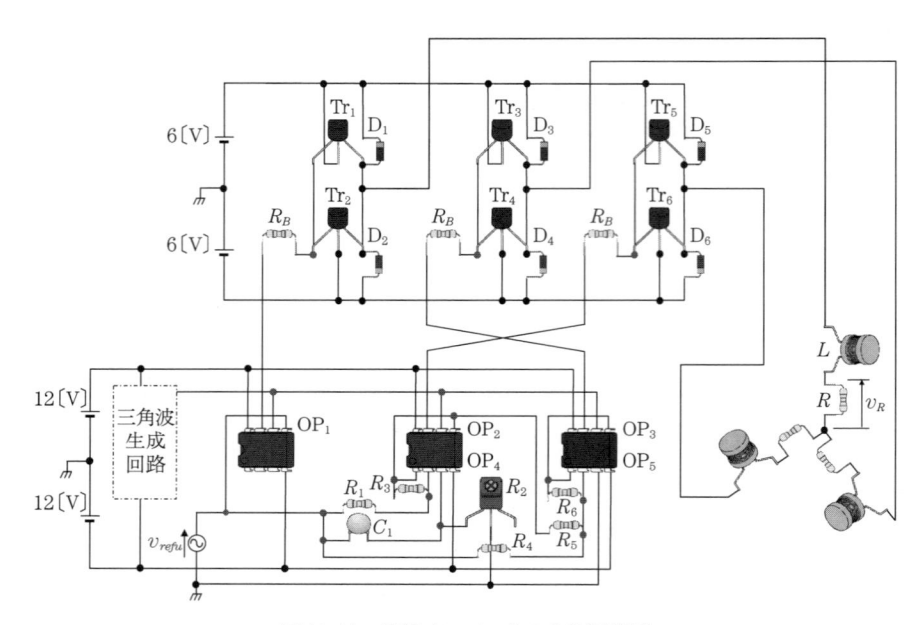

図 11.10　三相インバータの立体配線図

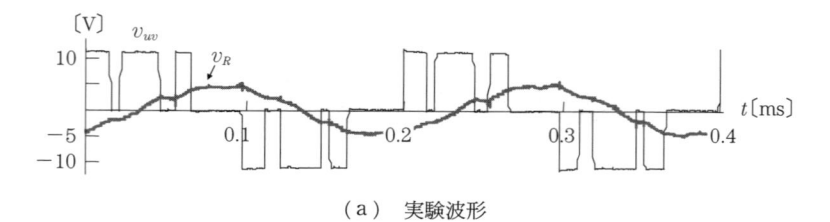

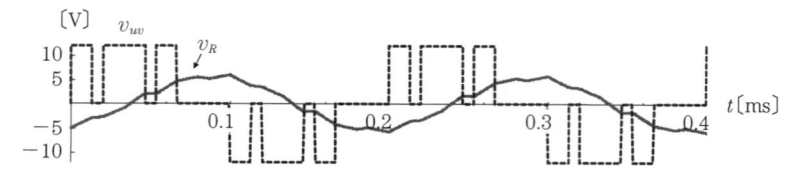

(a)　実験波形

(b)　シミュレーション波形

図 11.11　3パルスPWM制御法の出力電圧・電流波形
$f_{sw} = 15\,[\mathrm{kHz}]$, $R = 50\,[\Omega]$, $L = 5\,[\mathrm{mH}]$, $V_E = 12\,[\mathrm{V}]$

この電圧は u 相電流 i_u に比例する) の波形を図 **11.11** に示す。シミュレーションにより得られた波形も併せて示す。ただし，波形の細かな変化を見やすくするため v_R は縦軸を 3 倍に拡大して表示してある。図は 3 パルス PWM の結果である。キャリヤ周波数を 15 [kHz] とし，指令電圧の周波数を 5 [kHz] とした例である。指令電圧の振幅 v_{rp} と三角波のピーク値 V_{tp} との比 $v_{rp}/V_{tp} = 0.8$ とした。実験波形とシミュレーション波形は概略一致している。

9 パルス PWM 制御法により得られた波形を図 **11.12** に示す。シミュレーション波形では相電圧 v_u，v_v も併せて示してある。相電圧 v_u，v_v と線間電圧 v_{uv} の間には $v_{uv} = v_u - v_v$ の関係がある。キャリヤ周波数を 15 [kHz]，指令

(a) 実験波形

(b) シミュレーション波形

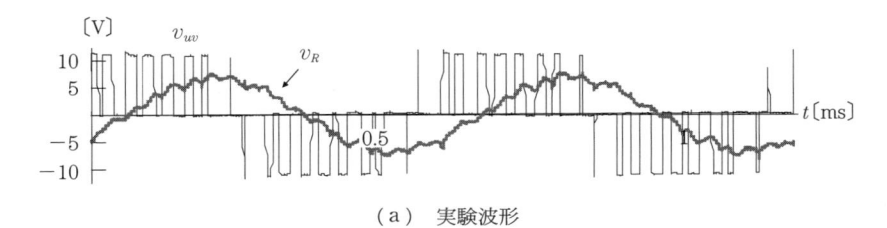

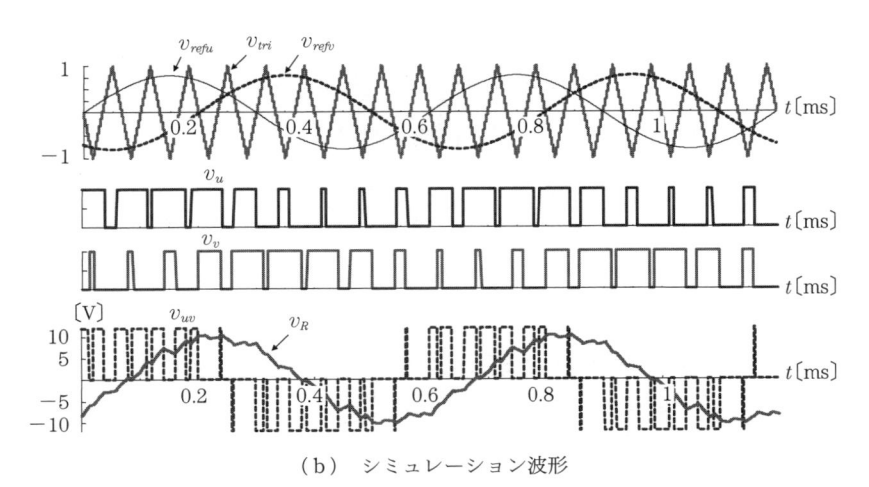

図 **11.12** 9 パルス PWM 制御法の出力電圧・電流波形
$f_{SW} = 15\,[\text{kHz}]$, $R = 50\,[\Omega]$, $L = 5\,[\text{mH}]$, $V_E = 12\,[\text{V}]$

電圧の周波数を 1.67 [kHz]，$v_{rp}/V_{tp} = 0.8$ とした．実験結果はシミュレーション結果と概略一致している．

図 11.13 は FFT による線間電圧 v_{uv} の高調波解析結果である．基本波の次数を 1 としている．縦軸は各調波の振幅である．パルス数を上げることで高調波成分が小さくなっていることがわかる．

基本波振幅はパルス数が多くなるにつれて次の値に近づく．

$$\frac{v_{rp}}{V_{tp}} \times \frac{\sqrt{3}}{2} V_E \tag{11.20}$$

ただし，V_E は電源電圧である．この値は以下の考察から得られる．

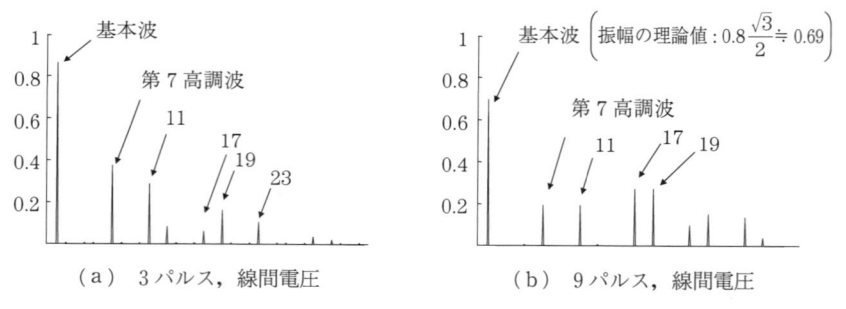

(a) 3 パルス，線間電圧

(b) 9 パルス，線間電圧

図 11.13 出力線間電圧の高調波解析結果

図 11.14 は出力相電圧とその基本波成分の模式図を示す．これは，27 パルスで $v_{rp}/V_{tp} = 1$ の場合である．図から，相電圧の基本波振幅はパルス数が多くなるにつれて $V_E/2$ に近づくことが推察できる．線間電圧の基本波振幅はこの $\sqrt{3}$ 倍である．図 11.13 の高調波解析では電源電圧 $V_E = 1$ [V]，$v_{rp}/V_{tp} = 0.8$ としているので，パルス数が多いほど線間電圧の振幅は 0.69 [V] に近づく．3 パルス PWM 制御法の場合には指令電圧より大きな値が出ている．9 パルスの場合には指令電圧に近い値が出ている．

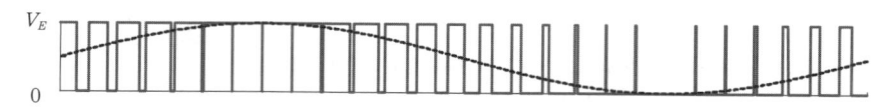

図 11.14 出力相電圧と基本波成分

11.5 三相インバータのシミュレーション

図 11.11, 図 11.12 のシミュレーション波形は**図 11.15** の回路から数値計算により求めた. 式(11.1)より, いずれの相においても

$v_{ref*} \geqq v_{tri}$ のとき　上側スイッチ・オン, 下側スイッチ・オフ

$v_{ref*} < v_{tri}$ のとき　上側スイッチ・オフ, 下側スイッチ・オン

$$(11.21)$$

とする.

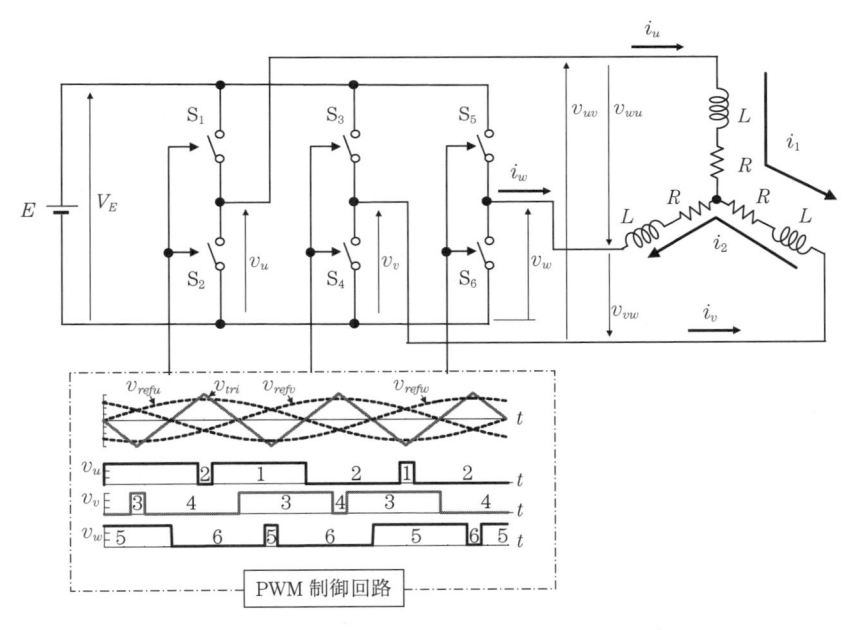

図 11.15 三相インバータのシミュレーション回路

この回路において図に示すように電流 i_1, i_2 を定義すると, 以下の微分方程式が成立する.

11. 三相PWMインバータ

$$2L\frac{di_1}{dt} + 2Ri_1 - L\frac{di_2}{dt} - Ri_2 = v_{uv}$$
$$2L\frac{di_2}{dt} + 2Ri_2 - L\frac{di_1}{dt} - Ri_1 = v_{vw}$$
(11.22)

これらの式を変形すると

$$\frac{di_1}{dt} = -\frac{R}{L}i_1 + \frac{1}{3L}(2v_{uv} + v_{vw})$$
$$\frac{di_2}{dt} = -\frac{R}{L}i_2 + \frac{1}{3L}(v_{uv} + 2v_{vw})$$
(11.23)

となる。この微分方程式を解くことにより10.5節の解法1と同様にして出力電流を求めることができる。

また、この式の右辺を i_1, i_2, v_{uv}, v_{vw} の関数として

$$f\left(\begin{pmatrix}i_1\\i_2\end{pmatrix}, \begin{pmatrix}v_{uv}\\v_{vw}\end{pmatrix}\right) = -\frac{R}{L}\begin{pmatrix}1 & 0\\0 & 1\end{pmatrix}\begin{pmatrix}i_1\\i_2\end{pmatrix} + \frac{1}{3L}\begin{pmatrix}2 & 1\\1 & 2\end{pmatrix}\begin{pmatrix}v_{uv}\\v_{vw}\end{pmatrix}$$
(11.24)

とおくことにより、10.5節のルンゲ・クッタ法を適用できる。Δt を計算刻み幅とする。

(1) 時刻 $k = 0$ とする。インバータの出力電流 i_1, i_2 の初期値 $i_1(0)$, $i_2(0)$ を与える。

(2) 時刻 k における指令電圧 $v_{refu}(k)$, $v_{refv}(k)$, $v_{refw}(k)$ および三角波の電圧 $v_{tri}(k)$ を求める。

(3) 式(11.21)によりインバータの出力相電圧 $v_u(k)$, $v_v(k)$, $v_w(k)$ および次式により出力線間電圧を求める。

$$v_{uv}(k) = v_u(k) - v_v(k)$$
$$v_{vw}(k) = v_v(k) - v_w(k)$$
$$v_{wu}(k) = v_w(k) - v_u(k)$$
(11.25)

(4) 出力電流 $i_o(k+1)$ を以下の式により求める。

$$\begin{pmatrix}A_{k1}\\A_{k2}\end{pmatrix} = \Delta t\, f\left(\begin{pmatrix}i_1(k)\\i_2(k)\end{pmatrix}, \begin{pmatrix}v_{uv}(k)\\v_{vw}(k)\end{pmatrix}\right)$$

$$\begin{pmatrix}B_{k1}\\B_{k2}\end{pmatrix} = \Delta t \, f\!\left(\begin{pmatrix}i_1(k)\\i_2(k)\end{pmatrix} + \frac{1}{2}\begin{pmatrix}A_{k1}\\A_{k2}\end{pmatrix},\; \begin{pmatrix}v_{uv}(k)\\v_{vw}(k)\end{pmatrix}\right)$$

$$\begin{pmatrix}C_{k1}\\C_{k2}\end{pmatrix} = \Delta t \, f\!\left(\begin{pmatrix}i_1(k)\\i_2(k)\end{pmatrix} + \frac{1}{2}\begin{pmatrix}B_{k1}\\B_{k2}\end{pmatrix},\; \begin{pmatrix}v_{uv}(k)\\v_{vw}(k)\end{pmatrix}\right)$$

$$\begin{pmatrix}D_{k1}\\D_{k2}\end{pmatrix} = \Delta t \, f\!\left(\begin{pmatrix}i_1(k)\\i_2(k)\end{pmatrix} + \begin{pmatrix}C_{k1}\\C_{k2}\end{pmatrix},\; \begin{pmatrix}v_{uv}(k)\\v_{vw}(k)\end{pmatrix}\right)$$

$$\begin{pmatrix}i_1(k+1)\\i_2(k+1)\end{pmatrix} = \begin{pmatrix}i_1(k)\\i_2(k)\end{pmatrix} + \frac{1}{6}\!\left(\begin{pmatrix}A_{k1}\\A_{k2}\end{pmatrix} + 2\begin{pmatrix}B_{k1}\\B_{k2}\end{pmatrix} + 2\begin{pmatrix}C_{k1}\\C_{k2}\end{pmatrix} + \begin{pmatrix}D_{k1}\\D_{k2}\end{pmatrix}\right)$$

(11.26)

（5） 各相電流を次式により求める。

$$i_u(k+1) = i_1(k+1)$$
$$i_v(k+1) = i_2(k+1) - i_1(k+1) \qquad (11.27)$$
$$i_w(k+1) = -i_2(k+1)$$

（6） $k \leftarrow k+1$ とする。k が終了時刻に達していれば，計算を終了する。達していなければ（2）に戻る。

図 11.11，図 11.12 は計算刻み幅を $\Delta t = 0.333\,[\mu\mathrm{s}]$ としてルンゲ・クッタ法により求めた結果である。

課題 11.3

計算刻み幅を Δt とし，時刻 t_0 における出力電流を I_{10}，I_{20} として，式(11.23)の微分方程式を解き，時刻 $t = t_0 + \Delta t$ における出力電流 $i_1(t_0 + \Delta t)$，$i_2(t_0 + \Delta t)$ の表式を示せ。

解答

$$i_1(t + \Delta t) = \frac{2v_{uv} + v_{vw}}{3R}\left(1 - \exp\!\left(-\frac{R}{L}\Delta t\right)\right) + I_{10}\exp\!\left(-\frac{R}{L}\Delta t\right)$$

$$i_2(t + \Delta t) = \frac{v_{uv} + 2v_{vw}}{3R}\left(1 - \exp\!\left(-\frac{R}{L}\Delta t\right)\right) + I_{20}\exp\!\left(-\frac{R}{L}\Delta t\right)$$

(11.28)

参 考 文 献

[基礎的な文献]
1) 堀孝正編著：インターユニバーシティ　パワーエレクトロニクス，オーム社（1996）
2) 江間敏，高橋勲：パワーエレクトロニクス，コロナ社（2002）
3) 高橋寛監修，粉川雅巳：絵解きでわかるパワーエレクトロニクス，オーム社（2001）
4) 引原隆士，木村紀之，千葉明，大橋俊介：エース　パワーエレクトロニクス，朝倉書店（2000）

[中級者向け文献]
5) 金東海：パワースイッチング工学，電気学会（2003）
6) 河村篤男：現代パワーエレクトロニクス，数理工学社（2005）
7) 電気学会半導体電力変換システム調査専門委員会編：パワーエレクトロニクス回路，オーム社（2000）

[ブレッドボード電子工作を扱っている文献]
8) キットで遊ぼう電子回路研究委員会編：キットで遊ぼう電子回路シリーズ　基本編 vol.1, 2，ディジタル回路編 vol.1, 2（2006）
9) 橋本剛：ブレッドボードで始める電子工作，CQ出版社（2007）

[シミュレータを利用している文献]
10) 岡山努：スイッチングコンバータ回路入門，日刊工業新聞社（2006）
11) 野村弘，藤原憲一郎，吉田正伸：PSIMで学ぶ基礎パワーエレクトロニクス，電気書院（2007）

索　引

【あ】
アノード　5

【い】
閾値　92
移相回路　170
インダクタ　39, 142
インバータ　129, 137
　――のシミュレーション　147
インバータ回路のゲイン　131, 141, 154

【え】
エネルギー回生　118, 142
エミッタ　25, 42
演算増幅器　77

【お】
オペアンプ　77
　――の応答遅れ　96
オン損失　44
オン電圧　6

【か】
回転数計　97
回路方程式　18
加算回路　87, 170
仮想接地　85
カソード　5
カットオフ周波数　101, 102
過渡現象　17
可変抵抗器　6
カラーコード　23

【き】
慣性モーメント　107
簡略等価回路　47, 51, 68, 74, 83, 90
環流　46
環流ダイオード　40
環流モード　152

【き】
基準電圧源　22
起電力定数　109
逆転　131
逆転用チョッパ回路　136
逆方向　6
逆ラプラス変換　19
キャリヤ周波数　147, 169

【く】
駆動時のモード　120
クランプ回路　125

【け】
計算刻み幅　149, 178
軽負荷　17

【こ】
コイル　40
降圧チョッパ　53
降圧チョッパ回路　42
高調波解析　168, 176
高調波成分　163, 168
高調波の次数　162
交流電圧出力　144, 158
コレクタ　25, 42
コレクタ-エミッタ間電圧
　対コレクタ電流特性　26

コンデンサ　62
コンパレータ　78

【さ】
最終値定理　112
三角波生成回路　93
三角波電圧　78
三相PWM制御回路　170
三相交流電圧　164
三相指令電圧生成回路　170

【し】
磁気エネルギー　46
時定数　47, 52
シミュレーション　177
ジャンパ線　1
周波数比　145, 158
重負荷　17
出力抵抗　83
出力電圧制御回路　60
順方向　6
昇圧チョッパ　69
昇圧チョッパ回路　64, 118
昇降圧チョッパ　75
昇降圧チョッパ回路　71
商用周波数　4
ショットキーバリヤダイオード　41

【す】
スイッチ　2, 43
スイッチ・オフ　43
スイッチ・オン　43
スイッチボックス　2
スイッチング周期　38

索引

【す】
スイッチング周波数　38, 158

【せ】
正転　131
静電エネルギー　47
正転用チョッパ回路　136
整流回路　1
整流子　100
積層セラミックコンデンサ　62
積分回路　87
積分ゲイン　113
セラミックコンデンサ　95
ゼロクロス点　160, 169
線間電圧　166
全波整流回路　9

【そ】
相電圧　166

【た】
ダイオード　5
単位ステップ関数　112

【ち】
調光回路　83, 89
チョッパ回路ゲイン　105

【つ】
通流率　52, 69, 105, 132, 139, 154
ツェナーダイオード　21
ツェナー電圧　22

【て】
抵抗　23
定常偏差　112, 114
デッドタイム　122
デューティファクタ　52
電圧増幅度　82
電解コンデンサ　14
電機子インダクタンス　107
電機子起電力　107
電機子抵抗　107
電機子電流　107
電気的ブレーキ　116
電源短絡対策　122
電源ピン　77
伝達関数　112, 114
電流源　27
電流増幅率　27

【と】
同期　163
動作モード　10, 15, 119, 131, 141, 155
トランジスタ　25
──の最大定格　25
──の等価回路　27
トランジスタ・ペア　149, 169
トランス　5
トルク定数　107

【に】
入力インピーダンス　172
入力抵抗　83

【は】
バイポーラトランジスタ　25, 42
バーチャルショート　85
発光ダイオード　83
発生トルク　107
発電機　100
発電電圧　97
ハーフブリッジインバータ　129
パルス数　169, 176
パルス幅変調　54, 147
反転増幅回路　82, 151, 171
──の電圧増幅度　85
半波整流回路　6

【ひ】
比較回路　78, 165

ヒステリシスコンパレータ　89
非同期　163
ヒューズ　2
比例ゲイン　104, 113
ピン番号　77

【ふ】
フィードバック制御回路　97
フィルタ回路　97
負荷トルク　107
ブラシ　100
フーリエ級数展開　167
ブリッジ回路　137
ブリッジ整流回路　11
フルブリッジインバータ　137
ブレーキ機能　123
ブレーキ時のモード　120
ブレッドボード　1
ブロック線図　109

【へ】
平滑回路　14
ベース　25, 42
ベース-エミッタ間電圧対
　ベース電流特性　25
ベース回路　79
変圧器　4

【ま】
摩擦係数　107
マブチモータ　98

【み】
脈動電圧　101

【も】
モータの回転数制御　97

【ら】
ラプラス変換　18, 108, 113

索　引　183

【り】

リアクトル	40
理想的なオペアンプ	83

【る】

ルンゲ・クッタ法	148, 178

【ろ】

ローパスフィルタ	147

【D】

DC モータ	96
──の回転数制御回路	132
──の等価回路	107

【F】

FFT 解析	162, 176

【I】

I ゲイン	113

【N】

NPN 型	25, 42

【P】

P ゲイン	104
P 制御回路	104
PI 制御回路	60, 113
PNP 型	42
PWM	147
PWM 制御回路	137, 151, 165
PWM 制御法	54, 109, 169
PWM 制御法 I	137
PWM 制御法 II	151
PWM 波形	78, 129, 138, 151, 153

【T】

TL082CP	77

【1】

120° 通電型	165

【2】

2SA1015	42
2SC1815	42

【3】

3 端子レギュレータ	28
3 パルス PWM	169

【9】

9 パルス PWM	175

―― 著者略歴 ――

1980年	名古屋大学工学部電気工学科卒業
1985年	名古屋大学大学院工学研究科博士課程修了（電気工学専攻）
	工学博士
1985年	株式会社東芝勤務
1988年	名古屋大学助手
1990年	名古屋大学助教授
2001年	三重大学教授
2004年	名古屋大学教授
2020年	名古屋大学名誉教授

パワーエレクトロニクスノート ―工作と理論―
Power Electronics—Breadboard Models and Theory—

© Takeshi Furuhashi 2008

2008 年 3 月 13 日　初版第 1 刷発行
2022 年 2 月 20 日　初版第 6 刷発行

検印省略	著　者	古　橋　　　武
	発行者	株式会社　コロナ社
		代表者　牛来真也
	印刷所	三美印刷株式会社
	製本所	有限会社　愛千製本所

112-0011　東京都文京区千石 4-46-10
発行所　株式会社　コロナ社
CORONA PUBLISHING CO., LTD.
Tokyo Japan
振替 00140-8-14844・電話(03)3941-3131(代)
ホームページ　https://www.coronasha.co.jp

ISBN 978-4-339-00795-4　C3054　Printed in Japan　　　　（新宅）

〈出版者著作権管理機構　委託出版物〉
本書の無断複製は著作権法上での例外を除き禁じられています。複製される場合は，そのつど事前に，出版者著作権管理機構（電話 03-5244-5088，FAX 03-5244-5089，e-mail: info@jcopy.or.jp）の許諾を得てください。

本書のコピー，スキャン，デジタル化等の無断複製・転載は著作権法上での例外を除き禁じられています。購入者以外の第三者による本書の電子データ化及び電子書籍化は，いかなる場合も認めていません。
落丁・乱丁はお取替えいたします。